MANUEL ÉLÉMENTAIRE

D'AGRICULTURE

ET

D'HORTICULTURE

À L'USAGE DU DÉPARTEMENT DE L'EURE ET DES RÉGIONS AGRICOLES VOISINES

Rédigé d'après le Programme d'*Enseignement Agricole* adopté en 1879, par la Société
libre d'Agriculture de l'Eure pour les Écoles primaires du département

PAR

A. PIÉTON

Professeur de Culture à l'École normale,
Directeur du Jardin des Plantes, à Évreux,
Membre de la Société d'Horticulture de France,
Lauréat de la Société nationale d'Agriculture
de France,
Officier d'Académie.

H. LECOINTE

Professeur à l'École normale d'Évreux,
Lauréat de la Société
nationale d'Agriculture de France,
de la Société des Sciences
de Lille, etc.,
Officier d'Académie.

*Ouvrage publié sous les auspices de la Société d'Agriculture de l'Eure, et honoré
par la Société nationale d'Agriculture de France de*

DEUX MÉDAILLES D'OR

l'une pour la partie agricole, l'autre pour la partie horticole.

ÉVREUX

DIEU, LIBRAIRE ÉDITEUR
Ancienne maison Blot
RUES GRANDE ET CHARTRAINE

PARIS

GOIN, ÉDITEUR
Librairie cent. d'agriculture et de jardinage
RUE DES ÉCOLES, 62

ET CHEZ LES AUTEURS, A ÉVREUX

MANUEL ÉLÉMENTAIRE

D'AGRICULTURE

ET

D'HORTICULTURE

DU MÊME AUTEUR

Énoncés de problèmes d'arithmétique, contenant des données utiles sur l'Agriculture, l'économie rurale et l'économie domestique, les sciences physiques et naturelles, etc., par H. LECOINTE, professseur à l'École normale d'Évreux.

Ouvrage couronné par la Société nationale d'Agriculture de France, par la Société des Agriculteurs de France, par la Société des Sciences de Lille, par l'Association normande, par la Société pour l'Instruction élémentaire, par la Société d'Instruction et d'Éducation populaires, par la Société protectrice das animaux ; honoré des souscriptions du Ministère de l'Agriculture et de la Société d'Agriculture du département de l'Eure.

1 vol. in-12 de 200 pages, prix 1 fr. 50.

Paris, Ch. Delagrave, éditeur.

MANUEL ÉLÉMENTAIRE

D'AGRICULTURE

ET

D'HORTICULTURE

A L'USAGE DU DÉPARTEMENT DE L'EURE ET DES RÉGIONS AGRICOLES VOISINES

Rédigé d'après le Programme d'*Enseignement Agricole* adopté, en 1879, par la Société libre d'Agriculture de l'Eure pour les Écoles primaires du département

PAR

A. PIÉTON

Professeur de Culture à l'École normale,
Directeur du Jardin des Plantes, à Évreux,
Membre de la Société d'Horticulture de France.
Lauréat de la Société nationale d'Agriculture
de France,
Officier d'Académie.

H. LECOINTE

Professeur à l'École normale d'Évreux,
Lauréat de la Société
nationale d'Agriculture de France,
de la Société des Sciences
de Lille, etc.,
Officier d'Académie.

Ouvrage publié sous les auspices de la Société d'Agriculture de l'Eure, et honoré par la Société nationale d'Agriculture de France de

DEUX MÉDAILLES D'OR

l'une pour la partie agricole, l'autre pour la partie horticole.

ÉVREUX

DIEU, LIBRAIRE ÉDITEUR

Ancienne maison BLOT

RUES GRANDE ET CHARTRAINE

PARIS

GOIN, ÉDITEUR

Librairie cent. d'agriculture et de jardinage

RUE DES ÉCOLES, 62

AVANT-PROPOS

Chargée en 1878, par M. le Ministre de l'Instruction publique, de dresser un *Programme d'enseignement agricole* pour les écoles primaires du département, la Société libre d'agriculture de l'Eure a bien voulu confier à deux de ses membres, MM. Piéton et Lecointe, le soin de préparer les bases de ce travail.

Leur projet, soumis aux délibérations de la section d'agriculture, et complété par elle, a été adopté par la Société dans la séance générale du 27 juillet 1879.

Les auteurs, cédant à la demande de plusieurs de leurs collègues et profitant d'ailleurs des observations qui leur avaient été faites, ont traité sous forme de *Manuel élémentaire* les sujets qui font l'objet du programme adopté.

La première partie, l'agriculture proprement dite, soumise en 1880 à l'examen de la Société nationale d'agriculture de France, a été honorée d'une médaille d'or, à la suite d'un rapport favorable fait par M. Louis Passy, l'un de ses membres [1].

La seconde partie, l'horticulture, a obtenu en 1881 la même récompense sur les conclusions d'un nouveau rapport de M. Passy.

[1] Comptes rendus des séances publiques de la Société Nationale, 1880, p. 97 et 1881, p. 125.

Les auteurs du *Manuel élémentaire* d'agriculture et d'horticulture de l'Eure, n'ont certes pas la prétention d'avoir écrit un traité complet sur la matière ; ils ont eu surtout en vue la recommandation suivante que la Société d'agriculture de l'Eure avait inscrite en tête de son programme.

« L'enseignement dans les écoles primaires devra se borner à des notions sommaires et pratiques. »

Ils ont eu également pour but de donner sur la culture locale des notions spéciales et précises qui ne sauraient trouver place dans les ouvrages généraux d'agriculture. Les travaux de la Société de l'Eure, ceux de l'Association normande, les savantes publications de M. Antoine Passy sur la géologie et l'agriculture dans le département, leur ont fourni de précieux matériaux. Plusieurs membres de la Société de l'Eure ont bien voulu les faire profiter de leur haute expérience et de leurs excellents conseils. Ils les prient de recevoir ici l'expression de leur gratitude.

Les auteurs doivent aussi tous leurs remercîments à MM. Vilmorin-Andrieux, marchands grainiers à Paris, et à M. Béranger, ingénieur-mécanicien à Evreux, à l'obligeance desquels ils sont redevables de la plupart des gravures qui ornent leur manuel.

La table des matières ci-après reproduit le programme d'enseignement agricole adopté par la Société d'Agriculture, excepté ce qui concerne la fabrication du cidre et du vin et les notions de comptabilité agricole.

TABLE DES MATIÈRES

Reproduisant le Programme d'enseignement agricole pour le département de l'Eure, adopté par la Société d'Agriculture de l'Eure, dans sa séance générale du 27 juillet 1879.

AGRICULTURE

PREMIÈRE PARTIE. — NOTIONS GÉNÉRALES

des labours, — nombre des labours, — cultures superficielles, — de la herse, — du scarificateur, — de l'extirpateur, — de la houe à cheval, — du buttoir, — du rouleau.   24

CHAPITRE VI. — *Engrais et amendements.* — Nécessité des engrais, — classification des engrais, — engrais végétaux, — engrais verts, — engrais animaux, — guano, — excréments des herbivores, — urine, — parcage, — excréments humains, — poudrette, — matières animales diverses.   32

CHAPITRE VII. — *Fumiers et engrais mixtes.* — Litières, — divers fumiers, — conservation et emploi des fumiers.   41

CHAPITRE VIII. — *Amendements, engrais minéraux, composts.* — Chaux, — marne, plâtre, — phosphate de chaux, — cendres et charrées, suie, etc.; — engrais chimiques, — composts, — boues des villes.   44

CHAPITRE IX. — *Arrosement et irrigation.* — Leur importance.   50

CHAPITRE X. — *Assolements.* — Nécessité des assolements, — rotation, — sole, — jachères.   52

DEUXIÈME PARTIE. — CULTURE SPÉCIALE DES PLANTES

CHAPITRE PREMIER. — *Semailles et plantations.* — Choix des graines, — époque des semailles, — semis à la volée, — semis en ligne, — semoirs — profondeur de l'ensemencement, — repiquage, — binage, — sarclage, — buttage.   57

CHAPITRE II. — *Plantes alimentaires, céréales, — culture du blé.* — Préparation du sol, — préparation de la semence, — chaulage et sulfatage, — semailles, — hersage, — récoltes, gerbes, moyettes, — battage et conservation du blé, — rendement, — principales machines employées dans la récolte, le battage et le nettoyage des grains.   61

CHAPITRE III. — *Culture du seigle, de l'orge, de l'avoine et du sarrasin.*   68

CHAPITRE IV. — *Légumineuses à grains farineux.* — Fèves, — pois, — lentilles, — haricots.   72

CHAPITRE V. — *Plantes cultivées pour leurs racines ou leurs tubercules.* — Betterave, — carotte, — navet, — chou-navet, — pomme de terre. — topinambour.   74

TROISIÈME PARTIE. — ANIMAUX DOMESTIQUES

¹ Voir note 10, page 286.

HORTICULTURE

(Des notes se trouvent à la fin du volume.)

PETIT MANUEL AGRICOLE ET HORTICOLE

DU

DÉPARTEMENT DE L'EURE

INTRODUCTION

DÉFINITION ET BUT DE L'AGRICULTURE

I. L'agriculture est l'art de cultiver la terre de manière à en tirer les meilleurs produits possibles sans l'appauvrir. Cet art est sans contredit le premier de tous, le plus utile, le plus noble; c'est celui dans lequel «l'homme acquiert et conserve le mieux, avec son indépendance entière, la force et la santé du corps et le calme de l'esprit [1]».

Grâce à l'emploi des instruments aratoires perfectionnés et à celui des machines nouvelles, la culture du sol, tout en devenant plus parfaite, plus économique et plus expéditive, a cessé d'exiger le rude travail manuel qu'elle nécessitait autrefois. — Mais aussi, l'agriculture devenue une industrie et même une science véritable, demande plus que par le passé l'instruction et le travail de l'intelligence.

« De toutes les industries, dit M. Moll, c'est celle qui récla-
« merait le plus d'instruction, celle qui pourrait en faire les
« applications les plus immédiates et les plus heureuses [2]. »

Pour devenir aussi rémunératrice que possible, l'agriculture

---

[1] M. A. Dailly. *Mémoire de la Société nationale d'agriculture*, 1877. p. 177.

[2] Moll. *Excursion dans le département de l'Eure.* Bull. de la Société, t. VI p. 282.

1

en effet exige l'adoption des méthodes les plus rationnelles de culture, l'utilisation la plus judicieuse des matières fertilisantes, l'emploi des instruments les plus perfectionnés, le choix des meilleures variétés de plantes et celui des meilleures races d'animaux domestiques.

Quelques hectares de terrain cultivés avec intelligence donnent plus de bénéfice net, avec moins de peines et moins d'avances, qu'une étendue trois, quatre et même dix fois plus considérable de terres mal cultivées.

Les engrais que l'on a appelés la *clef*, la base de l'agriculture, fournissent le moyen d'obtenir du sol, *fumé à son maximum*, un maximum de produits et par conséquent de bénéfices. Mais il importe que les engrais soient employés avec discernement et appropriés au climat, à la nature du sol et à celle de la plante[1].

Tous les engrais en effet ne conviennent pas également au même sol et à la même plante. Telle substance fertilisante produisant de bons effets dans certains terrains et pour certaines plantes, sera inutile et même nuisible dans des terrains de nature différente ou pour des plantes d'une autre espèce.

On sait aussi que toutes les *variétés* d'une même *espèce* de plantes ne sont pas également productives : certains *froments*, par exemple, provenant de semences de choix, peuvent fournir des rendements doubles ou triples de ceux que l'on aurait obtenus, dans les mêmes conditions, avec des plantes de même espèce, mais appartenant à des variétés dégénérées, qui ne donnent que des produits chétifs. L'agriculteur recherchera donc ces *variétés* productives ; mais, agissant toujours avec prudence, il s'assurera d'abord qu'elles conviennent au sol et au climat ; il fera sur une petite étendue de terrain, ne fût-ce que sur quelques mètres carrés, des expériences comparatives qui, conduites avec intelligence, lui fourniront de précieuses indications. « L'agriculture, a dit l'un de nos plus éminents agronomes, est surtout une science d'expériences locales. »

II. Les animaux domestiques constituent le principal capital de l'agriculture et l'un de ses produits les plus importants. Par

[1] Voir les principes posés à ce sujet par M. Chevreul. *Bull. des séances de la Société nat. d'agr. de France.* 10 juillet 1867.

le fumier qu'il fournit, le bétail est d'ailleurs l'agent le plus puissant de la fertilité du sol.

Le cultivateur doit donc viser à augmenter la quantité et surtout la qualité de son bétail ; ce qui exigera d'abord l'amélioration du sol et une production abondante de fourrages.

Certaines *races* d'animaux domestiques présentent à un haut degré des aptitudes spéciales qui les distinguent des autres animaux de même *espèce*. Avec une même quantité d'aliments, avec les mêmes soins, les animaux appartenant à ces races perfectionnées fournissent, en moins de temps, des produits plus abondants et plus chers.

L'agriculteur s'attachera donc à utiliser, à maintenir et même à perfectionner ces races précieuses ; il n'oubliera pas non plus que la première condition pour améliorer et pour soutenir une race est de bien nourrir les animaux. C'est aussi le seul moyen d'avoir de bon fumier. Or, le fumier est le plus important des engrais ; la production, la conservation et le bon emploi du fumier sont les bases de tout succès en agriculture. (Voir note 1 à la fin du volume).

Une autre condition de succès pour l'agriculture, comme pour l'industrie et le commerce, se trouve dans un bon système de *comptabilité*, montrant, par des chiffres exacts, non seulement le résultat d'ensemble d'une entreprise agricole, mais encore les résultats partiels des bonnes comme des mauvaises spéculations.

Enfin, l'agriculteur doit s'assurer une protection contre certains accidents indépendants de sa volonté, tels que les incendies, la grêle, les pertes de bestiaux, etc. ; il trouvera cette protection dans *l'assurance* qui, en répartissant sur un grand nombre de personnes les pertes de quelques-unes, rend ces pertes moins sensibles.

III. La culture maraîchère et l'arboriculture sont, pour notre pays, une source très importante de richesse et de bien-être. Le climat et le sol du département de l'Eure se prêtent, d'ailleurs, merveilleusement à la production des légumes et à celle des fruits de table, dont le prix devient chaque jour plus élevé.

Il n'est si petit ménage qui ne puisse, presque sans frais, élever des arbres en espalier ou en plein vent, et se créer ainsi de précieuses ressources. Pour cela, il suffit le plus souvent d'utiliser des espaces restés sans emploi, et de faire choix de bonnes espèces dont les fruits, recherchés partout, s'exportent au loin et font de notre pays, comme on l'a dit, « *le jardin fruitier du nord de l'Europe* ».

Les pommiers à cidre ont, dans notre culture, une importance considérable, augmentée chaque jour encore par les maladies de la vigne.

Il importe donc, non seulement de bien soigner les pommiers, de les débarrasser des végétations parasites qui les épuisent, mais encore de multiplier les bonnes variétés, celles qui sont très productives et dont les fruits donnent un *moût* très sucré et, par suite, un cidre très alcoolique pouvant se conserver longtemps. Il importe aussi d'utiliser les pommes d'une façon intelligente et de ne pas laisser perdre, comme cela a lieu trop souvent encore, le tiers ou la moitié du jus et du sucre qu'elles peuvent contenir. Sous ces différents rapports il y aurait, de l'avis de tous, de nombreux progrès à réaliser.

APERÇU GÉNÉRAL DE LA PRODUCTION AGRICOLE DANS LE DÉPARTEMENT DE L'EURE

Le département de l'Eure, l'un des plus fertiles de notre France, appartient à la région agricole dite du Nord-Ouest, qui comprend les cinq départements de la Normandie, avec le département de la Sarthe et celui d'Eure-et-Loir.

Le territoire agricole de ce département peut se diviser de la manière suivante : terres labourables, 379,054 hectares ; vignes, 546 ; bois et forêts, 109,888 ; prairies naturelles et vergers, 33,240 ; pâturages et pacages, 11,170 ; terres improductives, 1,597.

Les terres labourables sont divisées en 1,401,334 parcelles relevant de 26,818 exploitations, dont 22,587 au-dessous de 20 hectares, 2,363 variant de 20 à 40 hectares, et 1,868 au-dessus de 40 hectares.

La valeur des différents produits de la culture du sol s'élève annuellement à 150 millions de francs environ ; on estime que cette production, dans laquelle les céréales entrent pour 90 millions de francs, serait susceptible d'une augmentation considérable.

Les animaux domestiques donnent, en outre, un revenu brut annuel évalué à 53 millions de francs environ [1].

Les produits de l'arboriculture fruitière (dans les champs, parcs et jardins) dépassent annuellement 8 millions de francs. Ceux de la culture maraîchère atteignent, pour le moins, une somme égale.

[1] Voir *Description géologique de l'Eure*, par M. A. Passy. p. 31 à 41.

PREMIÈRE PARTIE

VÉGÉTATION, TERRES, ENGRAIS

—

CHAPITRE PREMIER

DES PLANTES ET DE LA VÉGÉTATION

1. Germination. — Toutes les plantes que nous cultivons sont d'abord contenues dans une graine. Lorsque cette graine, véritable œuf végétal, est placée dans des conditions favorables, elle se gonfle, rompt ses enveloppes et donne naissance à une petite racine nommée radicule, puis à une petite tige (*tigelle*) accompagnée d'une ou de deux premières feuilles appelées *cotylédons*. Cette sorte d'éclosion de la graine porte le nom de germination.

Pour que la germination ait lieu, il faut à la graine le concours simultané de l'*air*, de l'*eau* et de la *chaleur*, en proportion convenable. Enterrée trop profondément dans le sol, une graine, se trouvant privée d'air, ne pourra pas germer ; la même chose aura lieu si la graine reçoit trop ou trop peu d'eau, trop ou trop peu de chaleur.

Certaines graines, celles du blé par exemple, conservent pendant plusieurs années la *faculté germinative* ; d'autres, comme celles du sainfoin, du chanvre, du sapin, ne germent que pendant l'année qui suit la récolte. Dans presque tous les cas, il est préférable de semer des graines provenant de la dernière récolte.

2. Racine. — La racine est cette partie du végétal qui s'enfonce dans la terre pour y fixer la plante et pour y puiser certains sucs dont elle se nourrit.

Selon qu'elles s'enfoncent verticalement, horizontalement ou obliquement dans le sol, les racines sont dites *pivotantes, horizontales,* ou *obliques.*

Du corps de la racine naissent des filaments nommés *radicelles* dont l'ensemble forme ce que l'on nomme le *chevelu.* C'est par les extrémités des radicelles, par les *spongioles,* que les sucs nourriciers pénètrent dans les plantes. Or, le chevelu se forme d'autant plus abondamment, et par suite la plante se développe d'autant mieux, que le sol, de bonne nature d'ailleurs, est plus meuble, plus aéré, plus perméable. De là, résulte la nécessité d'ameublir la terre au pied des végétaux que nous cultivons.

On comprend aussi que les plantes à racines pivotantes exigent surtout, pour se développer convenablement, une terre profonde et bien ameublie, tandis que des plantes à racines horizontales peuvent prospérer dans une couche de terre d'une faible épaisseur.

3. Tige. — La tige est cette partie du végétal qui, dans la plupart des plantes, s'élève dans l'air, et supporte les rameaux, les fleurs et les fruits.

Certains végétaux, le pissenlit, par exemple, ont une tige très courte, à peine visible; d'autres, comme les fougères, les oignons, les pommes de terre ont leurs tiges cachées dans le sol : les rameaux seuls s'élèvent dans l'air. Ces tiges souterraines portent le nom de *rhizomes,* de *bulbes* ou de *tubercules,* suivant leur nature.

4. Feuilles. — On nomme feuilles les parties minces, plates et ordinairement vertes qui naissent de la tige et des rameaux des plantes.

Les feuilles sont les organes essentiels de la respiration des plantes et de leur alimentation dans l'air : ce sont, pour ainsi dire, les poumons des végétaux. Que les feuilles tombent, ou qu'on les enlève, la végétation languit, se ralentit ou s'arrête.

Lorsque l'on enlève une partie des feuilles d'une plante, on empêche son développement régulier : pour les betteraves, par exemple, l'effeuillaison peut occasionner sur la récolte des racines une perte de moitié et même plus dans certains cas.

L'effeuillaison ne peut être pratiquée sans inconvénient que pour les feuilles qui commencent à jaunir.

5. Bourgeons. — Le bourgeon est un petit corps écailleux, généralement conique, qui renferme les rudiments des feuilles, des tiges, des rameaux et des fleurs.

Dans certaines plantes, les bourgeons peuvent se détacher naturellement et se semer comme des graines ; le lis bulbifère, certains oignons, nous offrent des exemples de ces bourgeons, que l'on appelle *bulbilles*.

Un bourgeon ordinaire peut d'ailleurs être implanté artificiellement et se développer sur une tige autre que celle qui l'a produit. L'opération nommée *greffe en écusson* repose sur cette propriété.

6. Sève. — Les plantes en végétation aspirent, sucent par leurs racines l'eau qui se trouve dans le sol et qui contient en dissolution un grand nombre de substances propres à nourrir le végétal. On appelle *sève* ce liquide nourricier.

Aucune partie de matière solide ne pénètre dans la plante avant d'avoir été *dissoute*, c'est-à-dire fondue dans l'eau qui sert à former la sève.

La sève circule dans le végétal, s'élève vers les feuilles où elle subit l'action de l'air et devient plus épaisse, plus nutritive ; elle redescend pour porter à toutes les parties des plantes les matériaux nécessaires à leur accroissement.

7. Transpiration des végétaux. — Sous l'influence de la lumière, la sève s'épaissit et se transforme dans les feuilles du végétal. Une partie de l'eau qu'elle contenait se répand dans l'air sous forme de vapeur invisible. On appelle *transpiration* cette sorte de sueur des plantes.

La quantité d'eau expirée par les feuilles est beaucoup plus considérable qu'on ne le pense généralement. M. Chevreul, un des plus illustres savants dont s'honore la France, a constaté qu'un seul pied d'*hélianthe annuel* (vulgairement soleil) peut dissiper dans l'air, par la transpiration, environ 15 litres d'eau en douze heures. Il a été constaté aussi qu'un mélange d'avoine et de trèfle en végétation peut absorber dans le sol et répandre dans l'air, pendant une journée claire, en été, plus de 25 mètres cubes d'eau par hectare (25,000 litres! c'est-à-dire 2 litres 5 par mètre carré). Un pied de blé en végétation transpire par jour en moyenne cinq fois environ son poids d'eau[1].

Cette transpiration, indispensable à la vie des plantes, n'a lieu que sous l'action de la lumière. Il importe donc que les plantes cultivées ne soient pas à l'ombre, qu'elles ne soient pas étouffées par les mauvaises herbes ou par d'autres plantes plus vigoureuses. Il faut aussi que les pluies ou les arrosages fournissent au sol de l'eau en quantité suffisante.

8. Respiration et nutrition des végétaux. — Les plantes, comme les animaux, ont besoin pour vivre, de *respirer*, c'est-à-dire de prendre dans l'air certains éléments gazeux. Pendant toute leur vie, elles absorbent constamment de l'*oxygène* et rejettent de l'*acide carbonique* Mais, d'un autre côté, les *parties vertes* des végétaux ont, sous l'influence de la lumière, la propriété de décomposer l'acide carbonique[2], de prendre le *carbone* pour s'en nourrir, et de rejeter dans l'atmosphère une partie de l'oxygène contenu dans cet acide carbonique.

Pendant la nuit, ou dans l'obscurité, toutes les parties du végétal absorbent de l'oxygène et rejettent dans l'air de l'acide carbonique.

Les racines des plantes absorbent aussi, en même temps que la sève, l'acide carbonique que le sol contient en quantité d'autant plus grande qu'il est mieux fumé.

Avec l'eau chargée d'acide carbonique, pénètrent dans la plante diverses substances, telles que l'*azote*[3], la *chaux*, la *potasse*, l'*acide phosphorique* et beaucoup d'autres, qui servent à la nourrir, et à former le bois, les écorces, les fleurs, les fruits, les graines, et tous les principes si variés contenus dans les végétaux.

---

[1] Voir *Annuaire de l'observatoire de Montsouris 1880*, p. 173, 177 et 251.

[2] L'acide carbonique est un gaz formé d'oxygène et de carbone.

[3] Expliquer ces différents mots; faire voir de l'ammoniaque qui contient de l'azote sous une forme convenable aux plantes, des nitrates, le salpêtre par exemple, des substances azotées diverses. Faire voir aussi de la chaux, du phosphore, etc.

1.

9. Fleurs, fruits et graines. — La fleur est l'ensemble des organes qui servent à la reproduction du végétal au moyen des graines.

Au centre de la fleur se trouvent les germes des graines, ou *ovules*, enfermés dans une enveloppe nommée *ovaire*, qui en se développant formera le *fruit* [1]. Autour de l'ovaire se trouvent de petites colonnes ou de petits filets nommés *étamines*, dont l'extrémité supérieure forme une sorte de petit sac qui contient une poussière fécondante appelée *pollen*. Le pistil et les étamines sont les parties essentielles des fleurs. Ces parties sont souvent protégées extérieurement par des enveloppes diversement disposées et colorées.

Les ovules, fécondés par le pollen, grossissent en même temps que l'ovaire : on dit vulgairement que le fruit est *noué*; ce fruit se développe et mûrit avec les graines.

Lorsque les ovules n'ont pas été fécondés, l'ovaire se flétrit et tombe : on dit alors que le fruit a *coulé*. Le froid ou l'abondance des pluies amènent souvent ce résultat.

10. Classification des végétaux. — Relativement à leur durée, les végétaux sont dits : *annuels*, lorsqu'ils ne vivent qu'une année, exemple : le blé, le sarrazin, le maïs; *bisannuels*, lorsqu'ils vivent deux ans, et portent des graines dans leur deuxième année, comme le chou, la betterave, etc.; *vivaces* lorsqu'ils durent plusieurs années, comme la luzerne, et nos différents arbres.

Au point de vue de leur consistance, les végétaux sont dits : *herbacés* lorsqu'ils sont mous et se coupent facilement, comme la tige du trèfle, du blé, etc.; *ligneux* lorsqu'ils ont la consistance du bois, comme la bruyère, la vigne, etc.

Au point de vue de leur usage, les plantes agricoles se divisent en *plantes alimentaires*, destinées à la nourriture de l'homme et des animaux domestiques, et en *plantes industrielles*, dont les produits sont employés dans les arts ou dans l'industrie, exemple : le colza, le chanvre, le lin.

Les plantes alimentaires comprennent : les *céréales*, comme le blé, l'orge, l'avoine, etc.; les *plantes légumineuses à grains*

---

[1] L'ovaire est surmonté ordinairement de petits appendices nommés *styles* et *stygmates;* l'ensemble de l'ovaire du style et du stygmate forme le *pistil.*

farineux, telles que les fèves, les lentilles, etc. ; les *plantes cultivées pour leurs racines ou leurs tubercules*, exemple : les betteraves, les carottes, les navets, les pommes de terre, etc. Ces dernières sont souvent désignées sous le nom de *plantes sarclées*, parce qu'elles exigent pendant leur croissance des sarclages et des binages fréquents. Les *plantes des prairies naturelles et artificielles*, forment la dernière division des plantes alimentaires.

CHAPITRE II

INFLUENCE DE L'AIR, DE L'EAU, DE LA CHALEUR, DE LA LUMIÈRE ET DU CLIMAT SUR LA VÉGÉTATION

11. De l'eau. — L'eau qui est à l'état liquide dans la pluie, à l'état solide dans la glace et la neige, et à l'état gazeux dans la vapeur d'eau, est formée de deux gaz, l'oxygène et l'hydrogène.

L'eau, laissée à l'air, se réduit naturellement en vapeur, en produisant un froid que chacun peut constater en mouillant sa main et en la laissant sécher à l'air. Cette vapeur d'eau se répand dans l'air, qui peut en garder d'autant plus qu'il est plus chaud.

En se refroidissant dans l'air, la vapeur d'eau forme des brouillards et des nuages, qui, selon que le refroidissement est plus ou moins grand, fournissent de la pluie ou de la neige.

L'eau, tombée sous forme de pluie ou de neige, pénètre en partie dans le sol où elle entretient l'humidité nécessaire aux plantes.

Si un sol argileux, imperméable et sans pente, repose sur un sous-sol de même nature, les eaux restent en flaques à sa surface, le refroidissent et le rendent stérile. Il faut, dans ce cas, l'assainir par le drainage [1]. Si le terrain est très incliné, les

---

[1] « Ces terrains imperméables, dit M. Belgrand, se reconnaissent immédiatement par le nombre de petits cours d'eau qui y prennent naissance. » Ils forment dans le département de l'Eure deux longues bandes qui s'étendent sans interruption sur les deux rives de la Risle et de la Charentonne, de Rugles et de

eaux pluviales ou autres, en coulant à sa surface entraînent les substances fertilisantes qu'il contient, et les perdent dans les cours d'eau. Un pareil terrain doit être, autant que possible, mis en prairie ou planté en bois ou encore amendé au moyen de substances propres à le rendre perméable. On pourrait aussi fort souvent, à l'aide de barrages peu dispendieux, établir sur quelques points du terrain des réservoirs artificiels dont les eaux seraient ensuite utilisées pour les arrosages, lorsque ceux-ci deviendraient nécessaires [1].

12. De l'air. — L'air est un mélange d'oxygène et d'azote dans lequel se trouvent, en petite quantité, différentes substances, principalement de l'acide carbonique et de la vapeur d'eau.

Les plantes, comme nous l'avons vu, ont besoin d'air pour germer et pour respirer. Il est nécessaire aussi que les racines des plantes puissent recevoir l'influence de l'air au travers de la couche de terre qui les recouvre. Il faut donc que cette couche de terre recouvrant les racines ne soit ni trop épaisse ni trop dure; elle doit être au contraire ameublie, divisée et n'avoir qu'une faible épaisseur, autrement le végétal languit.

13. De la chaleur. — La chaleur exerce sur la végétation une influence puissante; mais, pour être favorable, elle ne doit être ni trop forte, ni trop faible.

L'excès de chaleur dessèche le sol et en fait disparaître l'humidité nécessaire aux plantes. Le manque de chaleur produit le froid qui engourdit la vie des végétaux, et la gelée qui est d'autant plus nuisible aux plantes que celles-ci ont une sève plus aqueuse et que la terre et l'air sont plus humides.

Il y a pour chaque plante une certaine température au-dessous

Notre-Dame-du-Hamel, à la pointe de la Roque. Ils forment de même une demi-ceinture de l'ouest à l'est du Marais-Vernier; ils dessinent également une bande très étendue qui entoure complètement la partie culminante du plateau compris entre la Seine et l'Eure. (Voir atlas de M. Belgrand. *La Seine*, pl. II.)

[1] « Trop souvent, dit M. Marié-Davy, on voit les eaux occasionner de véritables désastres, dans la saison des pluies, alors que leur rareté est non moins dommageable dans la saison sèche. Un bon aménagement des eaux, joint à un bon emploi des engrais dont nous disposons, doublerait aisément la production du sol de la France * ».

* Marié-Davy, *Annuaire de l'observatoire de Montsouris*, 1880, p. 277.

de laquelle la germination, la végétation et la floraison n'ont pas lieu. Tout ce qui tend à réchauffer le sol ou à l'empêcher de se refroidir (les feuilles et la paille mises sur la terre pendant l'hiver, le drainage des terres humides, certains engrais, etc.) favorise donc la végétation.

La neige empêche le sol d'être refroidi à l'excès pendant l'hiver ; elle est donc sous ce rapport, comme sous plusieurs autres, favorable aux plantes. Il en est de même des nuages qui s'opposent, pendant la nuit, au refroidissement du sol. Pendant le jour, au contraire, les nuages empêchent une partie de la chaleur et de la lumière solaire d'arriver jusqu'à nous, de sorte qu'un printemps humide et brumeux peut retarder considérablement la végétation. L'année 1879 en a fourni un exemple frappant.

14. Lumière. — La lumière solaire, comme nous l'avons vu, est indispensable à la transpiration et à la nutrition des végétaux. Pour un même sol, les plantes se développent d'autant mieux qu'elles reçoivent plus de lumière [1].

Privées de la lumière, les plantes s'*étiolent*, c'est-à-dire perdent leur coloration verte, leur force et leur saveur; leurs tiges deviennent blanches, faibles et effilées : c'est ce que l'on remarque pour les plantes qui végètent dans un lieu obscur, ou pour celles qui, comme les chicorées, les laitues, le céleri, etc., ont été soustraites à l'action de la lumière. La même chose se produit, à un degré moindre, pour les plantes qui sont constamment à l'ombre ou pour celles qui, trop serrées par d'autres, ou dominées par leurs voisines, ne peuvent pas recevoir l'action des rayons du soleil.

Les mauvaises herbes, en croissant avec vigueur dans les semis, outre qu'elles épuisent le sol, privent de lumière les jeunes plantes dont elles compromettent souvent l'existence tout entière. Les sarclages fréquents sont donc, comme on le voit, indispensables.

Les plantes que l'on veut obtenir fortes, vigoureuses, propres à porter de bonnes graines, ne doivent donc pas être semées ou

---

[1] La quantité de matériaux qu'une plante s'est assimilée pour son travail d'organisation dépend, dit Marié-Davy, de la somme de lumière qu'elle a reçue. (*Annuaire de l'observatoire de Montsouris*, 1881, p. 207.

plantées trop près à près. On doit au besoin éclaircir les semis. Celles que l'on veut obtenir |faibles, élancées, le chanvre et le lin, par exemple, dont on désire obtenir une filasse fine, doivent au contraire se trouver très rapprochées les unes des autres.

15. Du climat. — « On nomme climat la disposition froide ou chaude, sèche ou humide que présente ordinairement l'atmosphère d'une contrée. » (M. Moll.)

Le climat dépend non seulement de la position du sol relativement au soleil, mais encore de sa nature, de son élévation au-dessus du niveau de la mer, de sa distance à l'Océan, de la direction des vents dominants et d'une foule d'autres causes.

Le climat a une influence capitale sur les cultures, qui doivent toujours y être appropriées.

Le climat du département de l'Eure est humide et variable, mais il est sain et tempéré. Chaque année, on compte en moyenne dans ce département quatre-vingt-dix à cent jours de pluie et dix jours de neige. L'eau qui tombe annuellement en moyenne formerait, si elle restait à la surface du sol, une couche de 540 millimètres d'épaisseur environ.

Le vent d'ouest est le plus fréquent; il amène la pluie. Le vent du sud annonce les orages, pendant les mois de juin, juillet et août. Le vent d'est présage le beau temps, comme aussi celui qui vient du nord. Ce dernier cependant est parfois accompagné de pluies qui durent vingt-quatre heures. La grêle exerce souvent ses ravages sur les moissons [1].

CHAPITRE III

DU SOL ET DU SOUS-SOL

16. Du sol. — On appelle sol ou *couche arable* la couche de terre qui se trouve à la surface de notre globe et qui est propre à la culture.

[1] Ces données sont extraites en partie de la notice relative à la *Prime d'honneur dans le département de l'Eure*, et des registres d'observations météorologiques faites à l'école normale d'Évreux, ainsi que de la *Description géologique de l'Eure*, par M. A. Passy.

Le sol a été formé, et se forme encore constamment, par la décomposition ou la désagrégation des roches plus ou moins dures qui constituent les parties plus profondes de l'écorce terrestre. A ces fragments de roches, à cette espèce de poussière, s'ajoutent des débris de plantes et d'animaux qui ont vécu sur cette même couche terreuse.

Lorsque ces débris ont été transportés par les eaux boueuses ou troubles, puis déposés en couches plus ou moins épaisses, ils ont formé ce que l'on appelle les *alluvions* ou le *limon alluvial*. D'immenses dépôts de cette nature ont été laissés par les eaux dont notre pays a été autrefois recouvert.

· Un grand nombre d'éléments divers ont concouru à former le sol, mais l'*argile*, la *silice* et le *calcaire*, (craie ou pierre à chaux) en forment la partie dominante; de là, cette division en sols *argileux*, *siliceux* et *calcaires*.

Dans une grande partie de notre département, sur nos grands plateaux spécialement, la couche arable est formée en majeure partie d'un *limon alluvial* au-dessous duquel se trouve un dépôt d'*argile à silex*, plus ou moins épais, qui repose lui-même sur une puissante couche de *craie*. Cette couche de craie apparaît sur les pentes de nos vallées où on l'exploite sous le nom de *marne* [1].

17. Argile. — L'argile, appelée aussi *glaise*, est cette substance grasse et onctueuse au toucher avec laquelle nous faisons nos briques et nos poteries communes. Cette substance forme, avec l'eau, une pâte liante qui, en séchant, acquiert une grande dureté.

L'argile est un composé d'*alumine* et de *silice*, contenant presque toujours de l'*oxyde de fer* et quelques autres substances.

On nomme *terres argileuses* ou *terres alumineuses* ou encore *terres fortes* celles dans lesquelles domine l'argile. Ces terres sont difficiles à cultiver: humides, elles s'attachent fortement aux pieds et aux instruments aratoires; sèches, elles se crevassent et deviennent très dures. De plus, elles retiennent avec force l'eau et les engrais, et s'échauffent difficilement.

Le moyen d'améliorer ces terres consiste à les labourer fré-

[1] Voir *Description géologique de l'Eure*, par M. A. Passy, p. 149 et suiv.

quemment lorsqu'elles ne sont ni trop sèches ni trop humides, et à les diviser le plus possible. On les amende, en y ajoutant du sable, du gravier, des marnes calcaires et surtout de la chaux : on réserve aussi pour ces terres le fumier de cheval et de mouton, ainsi que les fumiers non consommés, appelés fumiers pailleux [1].

L'argile, mêlée à une quantité plus ou moins considérable de sable ou de silex, domine dans le sol sur une grande étendue de notre département, principalement dans le pays d'Ouche, dans le plateau entre la Seine et l'Eure et dans certaines parties du Vexin.

Sur un certain nombre de points, l'argile pure forme des couches puissantes où elle est exploitée sous le nom de *terre à foulon*, surtout dans les environs de Louviers et dans la forêt de Lyons [2].

18. De la silice. — La silice se présente généralement dans le sol sous forme de *sable*. Le sable est cette substance rude au toucher, formée de grains plus ou moins fins, sans liaison entre eux, qui provient de l'écrasement de certaines pierres, telles que les *grès* et les *silex* ou pierres à fusil.

On nomme sols *siliceux* ou *sableux* ceux dans lesquels le sable domine.

Ces sols sont très friables, très perméables, très faciles à cultiver, mais ils manquent de consistance; par suite ils se dessèchent très facilement, et sont en général peu productifs, surtout dans les années sèches.

Pour améliorer les sols sableux, on emploie des substances propres à en augmenter la consistance et à y retenir l'humidité, telles que les boues, l'argile, les fumiers consommés, les engrais liquides et les plantes enfouies en vert.

Les terrains sableux occupent dans notre département une étendue relativement considérable, surtout dans les vallées de la Seine, de l'Eure et de la Risle. Les sols renfermant de gros silex sont très abondants, principalement dans les forêts

---

[1] Les boues siliceuses des rues, comme les curures des fossés des routes contenant du sable en même temps que des matières organiques, produisent les meilleurs effets dans les terrains argileux.

[2] Voir *Description géologique de l'Eure*, p. 83, 93, 94 et 117. On sait que les argiles ont la propriété de s'emparer des matières grasses qui salissent les étoffes de laine.

d'Evreux, de Lyons, dans le pays d'Ouche et dans les environs d'Harcourt. Plantés en essences résineuses appropriées, ces terrains, dans lesquels ne croissent ordinairement que de maigres bruyères, peuvent, tout en s'améliorant, donner d'excellents produits [1].

19. Calcaire. — Le calcaire est un composé de *chaux* et d'*acide carbonique*. Il est généralement connu sous les noms de *pierre à chaux*, de *craie* et de *marne*.

On nomme *sols calcaires* ceux dans lesquels le calcaire domine.

On reconnaît facilement une terre calcaire au bouillonnement qui s'y produit quand on verse dessus un peu de fort vinaigre ou d'un autre acide plus énergique. Ces terres ne sont fertiles qu'autant que le calcaire est mêlé avec de l'argile et du sable.

On améliore les terres trop calcaires (*terres crayeuses*) en y mêlant de l'argile et du sable et en y ajoutant beaucoup de fumier. On peut aussi y cultiver certaines plantes telles que la *pimprenelle* et le *sainfoin* qui finissent par donner de la consistance au sol, tout en fournissant d'excellents produits. Des semis d'arbres verts, de pins, permettent d'utiliser très avantageusement les parties de ces terrains, les pentes par exemple, qui ne sont pas susceptibles de culture.

Dans notre département, le terrain crayeux se montre très fréquemment à découvert sur le flanc de toutes nos vallées ; lorsque la pente n'est pas trop abrupte, il se revêt d'un gazon rude ou de broussailles.

Les terrains calcaires dominent principalement dans la partie de la plaine de Saint-André voisine de la vallée d'Eure, et dans l'arrondissement des Andelys, sur la rive droite de l'Epte.

20. Humus. — L'humus ou *terreau* est cette matière noire qui provient de la décomposition incomplète dans le sol des *matières organiques*, c'est-à-dire des substances animales ou végétales que la végétation spontanée, les cultures et les engrais y ont déposées.

---

[1] La Société nationale d'agriculture a, comme on le sait, transformé les mauvaises terres de son domaine d'Harcourt en de magnifiques plantations d'arbres verts. (M. A. Passy, *Description géologique de l'Eure*, p. 133.)

L'humus contient, dans la proportion et dans l'état où elles
sont le plus convenables, toutes les substances nécessaires à l'alimentation des végétaux. De plus, l'humus divise le sol, le rend
perméable, y entretient une humidité favorable ; sa couleur
noire donne aux terres la propriété de mieux absorber la chaleur du soleil. C'est à l'humus que le sol doit une grande partie
de sa fertilité. (Voir note 2 à la fin du volume.)

Pour devenir propre à nourrir les plantes, l'humus doit être
suffisamment humide et avoir subi l'action de l'air et de la chaleur. A ce point de vue, les labours sont indispensables.

Diverses causes, telles que l'excès d'humidité, le manque d'air
ou de chaleur s'opposent à la formation de l'humus, ou le rendent impropre à la nutrition de la plupart de nos plantes cultivées. La *tourbe* et la *terre de bruyère* sont dans ce cas.

On améliore les terreaux de mauvaise qualité en les exposant
à l'air par le moyen des labours, ou, s'ils sont acides, en les
mêlant avec de la chaux..

On appelle *terres humifères* celles dans lesquelles le terreau
domine : ces terres, qui proviennent ordinairement du dessèchement des tourbières, renferment un terreau acide qui les rend
à peu près improductives. Comme exemple de terrains humifères, on peut citer ceux du Marais-Vernier, formés de limon
transporté par les eaux. Ce limon repose sur un banc épais de
tourbe que l'on exploite comme combustible [1].

Pour amender ces terres, il faut y ajouter beaucoup de chaux.

L'humus acide des terres de bruyères et celui que contiennent
les landes nouvellement défrichées s'améliore également avec
de la chaux et surtout avec une substance nommée *phosphate
de chaux*. Les phosphates fossiles, dit M. Lecouteux, « sont les
engrais par excellence des terres de bruyères non chaulées et
non marnées ».

L'humus de bonne nature se trouve toujours en petite proportion dans le sol ; les meilleures terres n'en renferment guère
plus de 2 à 3 p. 100, Cet humus, que les récoltes enlèvent sans
cesse, doit donc être renouvelé et ravivé par des engrais et par
des labours.

[1] La tourbe du Marais-Vernier est imprégnée de soufre que l'on parvient à
chasser par la calcination. (M. Passy, *Description géologique de l'Eure*, p. 71.)

21. Composition des meilleures terres. — Les meilleures terres arables sont celles qui résultent d'un mélange, *en proportion convenable*, d'*argile*, de *silice*, de *calcaire* et d'*humus*, et qui ne sont ni trop sèches, ni trop humides.

Ces terres portent différents noms ; ainsi le sol est dit : *argilo-sableux* lorsqu'il contient une quantité notable d'argile et de sable, *argilo-calcaires* lorsque l'argile et le calcaire dominent. Dans notre département, on désigne ordinairement sous le nom de *terre franche* celle qui est constituée par des proportions favorables d'argile, de silice et de calcaire ; les terres argilo-sableuses portent le nom de *terres fortes*, et les terres siliceuses ainsi que les terres calcaires, celui de *terres légères*.

Comme exemple de terres franches d'excellente qualité, on peut citer celles de nos belles plaines à céréales du Vexin, du Roumois, du Lieuvin, des campagnes du Neubourg et de Saint-André. Ces terres sont formées par un dépôt de limon laissé autrefois par les eaux, et atteignant souvent une épaisseur de plus de dix mètres [1]. (Voir la note 3 à la fin du volume.)

22. Profondeur des sols. — Relativement à l'épaisseur de la couche arable, les sols sont dits : *profonds* lorsqu'ils ont plus de 33 centimètres d'épaisseur, *moyens* lorsqu'ils ont 20 centimètres environ, et *superficiels* ou *pauvres* lorsque leur épaisseur ne dépasse pas 16 centimètres.

23. Du sous-sol. — On appelle sous-sol la couche non cultivée sur laquelle repose la terre arable.

Le sous-sol est ordinairement formé d'une couche d'argile, de sable ou de calcaire, ou de roches diverses ; il ne contient pas d'humus.

Le sous-sol exerce une grande influence sur la couche de terre cultivable ; il peut en atténuer ou en aggraver les défauts.

---

[1] Les géologues donnent à ces terrains le nom d'*alluvions anciennes* ou de *limons jaunes de la Picardie*. (Voir *Description géologique de l'Eure*, p. 90 et suiv.)
Comme exemple de terrain d'alluvions contemporaines on peut citer les atterrissements qui se forment sur les bords ou dans le lit de quelques-unes de nos rivières. Les travaux que l'on a faits dans ces dernières années pour améliorer la navigation de la basse Seine ont donné naissance à des alluvions considérables, principalement sur la rive droite du fleuve, en aval de Villequier, qui forment aujourd'hui des prairies d'une haute fertilité.

Mélangé avec précaution et progressivement avec la couche arable, il peut, dans certains cas, en modifier avantageusement la nature. Un sous-sol argileux, par exemple, pourra corriger les défauts d'une terre sablonneuse, et inversement. Au contraire, un sous-sol imperméable, sur lequel repose une couche arable peu épaisse, donnera trop d'humidité à la terre pendant les saisons pluvieuses, et trop peu pendant les temps secs. Dans ce dernier cas, le *drainage* est indispensable.

Lorsque, dans le but de rendre la couche arable plus épaisse, on attaque le sous-sol à l'aide des instruments aratoires, il est indispensable d'appliquer au terrain d'abondantes fumures qui constitueront d'ailleurs un capital bien placé.

Si le sous-sol est de mauvaise nature, on doit éviter de le mélanger avec la couche arable; mais on peut l'ameublir sans le ramener à la surface. Cette opération, qui produit presque toujours d'excellents résultats, s'exécute à l'aide de charrues spéciales appelées *fouilleuses*.

CHAPITRE IV

DÉFRICHEMENT ET ASSAINISSEMENT DES TERRES, DRAINAGE

24. Défrichement. — Le défrichement est l'opération qui a pour but de mettre en culture réglée les terres qui sont couvertes de bois, de broussailles, de bruyères, de gazons, de pierres ou d'eau stagnante.

Après avoir débarrassé le sol des bois ou autres obstacles qui s'opposent à sa culture, on doit le défoncer profondément et en aplanir la surface. Lorsque ce terrain contient de l'*humus acide* [1] on y applique des engrais tels que la *chaux*, les *cendres*, les *phosphates fossiles*, le *noir animal*, qui ont la propriété de rendre cet humus propre à nourrir les plantes.

25. Écobuage. — On nomme *écobuage*, ou *brûlage*, une opération qui consiste à enlever par plaques plus ou moins

[1] Les terres de landes et de bruyères, par exemple.

épaisses la couche superficielle et gazonnée du terrain, et à la brûler après l'avoir fait sécher au soleil.

Les cendres résultant de l'écobuage sont ensuite divisées et répandues le plus uniformément possible sur le terrain, avant le premier labour.

L'écobuage convient seulement aux terrains marécageux et tourbeux qu'il rend tout de suite propres à porter des récoltes : il ne doit jamais être pratiqué dans les terres légères.

Appliqué aux sols argileux, l'écobuage rend le terrain plus sec, plus perméable et plus friable [1], mais il a le grave inconvénient de détruire les matières organiques qui forment une partie très importante de la richesse du sol. Il vaut donc mieux amender les sols argileux par d'autres moyens, à l'aide de la chaux, par exemple.

26. Déboisement et dégazonnement des terrains en côtes rapides. — Lorsque les terrains ont une pente considérable, il importe de ne pas détruire le bois ou le gazon qui les recouvre et qui empêche le sol d'être raviné par les eaux.

Le défrichement de ces terrains est toujours une opération aussi préjudiciable à l'intérêt public qu'à l'intérêt privé. Les eaux pluviales, en effet, n'étant plus retenues par les bois ou par les herbes, coulent avec violence sur ces terrains en côtes rapides, entraînent la couche végétale dans les vallées et dans les cours d'eau, et occasionnent des crues subites trop souvent désastreuses.

27. Mise en valeur des terrains improductifs. — Les terrains en côtes rapides, ainsi que les terrains crayeux, sableux ou caillouteux, impropres à la culture, peuvent, lorsqu'ils sont bien reboisés, donner des produits comparables à ceux des meilleures terres.

Les *essences résineuses,* pins et sapins, qui ont la propriété de végéter vigoureusement sur les sols les plus pauvres, permettent d'utiliser d'une manière très avantageuse des terrains laissés trop souvent improductifs. De plus, les feuilles, les écorces et les

---

[1] L'argile la plus compacte devient friable et ne peut plus former une pâte avec l'eau lorsqu'elle a été fortement chauffée.

racines des pins, en pourrissant, forment de l'humus qui enrichit progressivement la couche de terre végétale.

Trois espèces de résineux paraissent convenir particulièrement aux terrains de notre département: 1° *le sapin commun*, connu sous le nom de *sapin de Normandie*, qui prospère dans les terrains médiocres, pourvu qu'ils ne soient pas trop humides ; 2° le *pin sylvestre*, connu sous le nom de *pin du nord* (surtout la variété appelée pin de Riga), qui réussit dans presque tous les sols, mais qui convient surtout aux terrains glaiseux, froids et humides ; 3° le *pin maritime* ou *pin de Bordeaux*, qui est spécialement propre aux terrains légers et siliceux, mais qui réussit mal dans les sols argileux. On sait que, dans notre département, le pin maritime n'a pas généralement résisté aux froids du rigoureux hiver de 1879-1880, tandis que le pin sylvestre n'en a pas souffert [1].

28. Assainissement des terres. — On donne les noms d'*assainissement*, d'*assèchement* ou d'*égouttement* aux opérations qui ont pour but d'enlever à la terre l'excès d'humidité qu'elle possède.

Cet excès d'humidité, occasionné ordinairement par un sous-sol imperméable, empêche l'action de l'air et de la chaleur sur le sol ; il s'oppose aux opérations de la culture et fait pourrir les graines et les racines des plantes cultivées. Dans les prairies, cette eau surabondante transforme les terrains en marécages malsains où ne croissent que des joncs, des laiches et d'autres mauvaises herbes.

On peut faciliter l'écoulement des eaux stagnantes au moyen de fossés et de rigoles à ciel ouvert, qui conduisent les eaux dans une rivière, dans une mare ou dans un réservoir quelconque. On complète le système d'assainissement en disposant le terrain en *ados* ou en *billons*, de manière à favoriser l'écoulement des eaux.

Les fossés à ciel ouvert ont l'inconvénient de faire perdre

[1] Pour le choix des essences résineuses appropriées aux différents terrains de notre département, voir *Recueil des travaux de la Société de l'Eure.* 3° série, t. 9, p. 215, et rapports de MM. Pépin et Lemaire, *Annuaire normand* 1859, p. 295 à 301. Les plantations entreprises à Harcourt, à Glisolles et dans les forêts de Bord et de Montfort, et sur quelques autres points, sont de précieux exemples qui fournissent les arguments les plus irréfutables en faveur du reboisement des terres incultes.

une grande quantité de terrain, de gêner la circulation des voitures et des bestiaux, de s'opposer à l'emploi des instruments perfectionnés, et d'être, de plus, d'un entretien fort coûteux.

29. Drainage. — On donne le nom de drainage à l'assainissement des terres trop humides au moyen de rigoles souterraines que l'on garnit intérieurement, soit de tuyaux en terre cuite appelés *drains*, soit de pierres, de fascines, de tuiles ou de briques.

Les tranchées, au fond desquelles on dépose les tuyaux de drainage, ont une profondeur variant de 80 centimètres à 2 mètres; leur largeur, qui est de 50 à 60 centimètres à la surface du sol, se réduit à 10 centimètres environ au fond de la tranchée. L'espacement des lignes de drains varie de 10 mètres à 30 mètres.

Les lignes de drains, tracées dans le sens de la pente du terrain, aboutissent à des tranchées contenant des tuyaux plus gros nommés *drains collecteurs*, qui portent, hors des terres à assainir, l'eau surabondante du sol.

La terre, débarrassée de son excès d'humidité, s'aère, s'ameublit, s'échauffe, devient facile à cultiver et propre à porter de bonnes plantes.

« Les bienfaits du drainage sont immenses, dit M. Victor « Borie ; il multiplie la puissance de production des terres 'et « transforme en prairies fertiles des terrains marécageux où le « cultivateur ne récoltait que des fièvres et des plantes inu-« tiles[1]. »

Le drainage, dont l'effet a été comparé à celui du petit trou percé au fond des pots à fleurs, doit être appliqué dans tous les terrains qu'un sol ou un sous-sol imperméables rendent trop humides.

Le prix de revient du drainage d'un hectare de terre, au moyen de tuyaux en terre cuite, est de 270 francs en moyenne. Ces frais sont promptement couverts (en quatre ou cinq ans, souvent moins) par l'excédent de produit net du terrain drainé. (Voir note 4, à la fin du volume.)

---

[1] *Les Travaux des Champs*, 2ᵉ édit., p. 42. Voir dans le même ouvrage (p. 43 et suiv.) l'énumération des signes extérieurs auxquels on reconnaît qu'une terre a besoin d'être drainée.

On estime que le drainage devrait être appliqué sur une partie considérable « sur un septième environ » des terres du département de l'Eure. « Une grande partie de nos plateaux, notam-
« ment dans la région sud-ouest, entre les vallées de l'Iton et de
« la Charentonne, et, dans la partie est, entre l'Eure et la
« Seine, auraient besoin de cette importante amélioration.

« Le drainage est aussi appelé à rendre d'utiles services dans
« plusieurs parties du Vexin; les marais de Tourny et de
« Civières, par exemple, qui sont d'une culture difficile, par
« suite de l'humidité, pourraient être assainis et donner les
« mêmes produits que les terres environnantes[1]. »

Le même mode d'assainissement serait aussi fort utile dans plusieurs de nos vallées, notamment dans celles de la Risle et de l'Epte[2].

CHAPITRE V

PRÉPARATION DU SOL

30. Des labours. — On appelle labour l'opération qui a pour but de diviser et de retourner la couche arable, afin de la rendre plus accessible aux racines des plantes, d'exposer un plus grand nombre de points de sa surface à l'action de l'air, de bien mélanger les engrais avec la terre et de détruire les mauvaises herbes.

Les labours s'exécutent soit à bras, à l'aide de bêches, de fourches, de houes ou de pioches de différentes formes, soit au moyen de charrues ou d'instruments analogues, traînés ordinairement par des chevaux.

Les labours à bras sont en général les plus parfaits, mais ils

---

[1] Rapport de M. Arnoux à la Société d'agriculture de l'Eure. *Bulletin*, 3ᵉ série, t. 4, p. 166, et *Enquête agricole* 1867, t. 1, p. 125.

[2] Pour ce qui concerne le drainage dans le département, consulter les ouvrages suivants :
Description géologique de l'Eure, par M. A. Passy, p. 66 ;
La Seine, par M. Belgrand
Le Pays normand, par M. Morière, p. 100.
La Prime d'honneur dans l'Eure en 1870, p. 10.

sont lents et coûteux; on ne les pratique guère que dans les jardins et dans les terrains inaccessibles à la charrue.

31. De la charrue. — La charrue, le plus utile des instruments aratoires, se compose d'un certain nombre de pièces dont les principales sont : le *coutre*, le *soc*, le *versoir*, le *sep*, l'*age*, les *étançons*, les *mancherons* et le *régulateur*.

Le coutre est une pièce de fer ou d'acier, en forme de couteau, qui coupe verticalement le sol à labourer.

Le soc est une pièce de fer, de fonte ou d'acier, en forme de fer de lance ou de triangle, destiné à couper horizontalement une bande de terre.

Le versoir, appelé aussi *oreille* ou *épaule*, est une pièce de fer, de fonte ou d'acier et servant à renverser la bande de terre détachée par le coutre et par le soc.

Le sep est la partie de la charrue qui glisse au fond du sillon, et qui porte ordinairement le soc à son extrémité antérieure.

L'age, appelé aussi *haye* ou *flèche*, est une pièce de bois ou de fer, la plus longue de la charrue, qui le plus souvent porte le coutre et s'assemble avec le sep à l'aide des étançons.

Les étançons sont les pièces de bois ou de fer qui réunissent le sep à l'age.

Les mancherons, véritables manches de charrue, sont les pièces de bois ou de fer à l'aide desquelles le laboureur dirige la marche de l'instrument.

Le régulateur, comme son nom l'indique, est la partie de la charrue qui sert à régler la largeur et la profondeur de la bande de terre soulevée par le versoir.

Fig. 1. Araire.

La plupart de nos charrues sont en outre munies d'un *avant-*

train, avec une ou deux roues, sur lequel repose la partie antérieure de l'age. Les charrues sans avant-train se nomment
araires: ces araires exigent beaucoup moins de tirage que les
charrues à avant-train, mais elles sont plus difficiles à conduire.

La charrue ordinaire et l'araire ont été l'objet d'une multi-

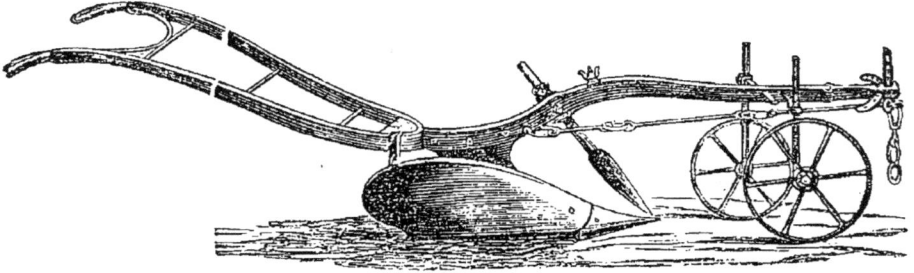

Fig. 2. Charrue à avant-train.

tude de modifications et de perfectionnements. Certaines charrues
dites *charrues tourne-oreille*, ont un versoir mobile qui peut se
placer tantôt à droite, tantôt à gauche du soc, de manière à
verser la terre du même côté, à l'aller et au retour; d'autres, la
charrue dite de *Brabant double* par exemple, ont deux coutres,
deux socs et deux versoirs formant deux corps de charrue
distincts qui peuvent basculer sur le même age; pendant que
l'un de ces corps fonctionne, l'autre se trouve relevé en l'air
sens dessus dessous. On peut, avec ces charrues, rejeter toujours la terre du même côté à l'aller et au retour. Il existe
également des charrues à double, à triple ou à quadruple socs
(*charrues polysocs*), qui peuvent tracer plusieurs sillons à la fois.
On construit aussi des charrues appelées *charrues sous-sol*,
charrues fouilleuses, *charrues taupes*, qui n'ont pas de versoir et
ne font que diviser la terre, sans la retourner.

Une bonne charrue doit être facile à diriger, et exiger le moins
de tirage possible. Elle doit tracer des raies parfaitement uni-
formes, couper nettement la terre et les racines sur toute la
largeur de la tranche soulevée, bien retourner cette tranche,
mais ne pas la presser.

« La plupart de nos charrues, dit M. Hervé Mangon [1], sont encore très grossières et nécessitent moitié plus de tirage qu'un bon instrument. » Dans le département de l'Eure, beaucoup de charrues sont trop lourdes; elles ont fréquemment aussi un avant-train trop élevé, de sorte qu'une grande partie de la force de l'attelage est dépensée inutilement à produire une pression considérable des roues sur le sol [2].

32. Forme des labours. — Les labours à la charrue peuvent être exécutés *à plat*, *en planches*, ou *en billons*.

Dans les labours à plat, on renverse la bande de terre toujours du même côté, de manière qu'aucune raie ne reste ouverte dans l'intérieur de la terre labourée.

Ces labours conviennent aux terrains secs ou assainis par le drainage.

Dans le labour en planches, le terrain labouré se trouve divisé en planches planes, larges de 2 à 10 mètres, par des raies restées ouvertes pour favoriser l'écoulement des eaux.

Ce mode convient à presque tous les terrains, pourvu qu'ils ne soient pas trop humides.

Dans le labour en billons, le terrain est divisé en planches bombées à leur milieu et séparées les unes des autres par des rigoles plus ou moins profondes. La partie culminante des billons se nomme *ados*.

Dans les terrains très humides, ces billons, bien faits, ont l'avantage de faciliter l'écoulement des eaux. Dans les sols peu profonds, le billonnage, en augmentant la couche de terre meuble, sur les ados, rend possible la culture de certaines plantes qui, comme la betterave et la carotte, exigent une couche épaisse de terre végétale.

D'un autre côté, les billons ont l'inconvénient de faire perdre beaucoup de terrain; de rendre les opérations de la culture de la récolte plus difficiles et plus dispendieuses; d'être un obstacle à l'emploi des instruments perfectionnés; de s'opposer à

---

[1] « Le labourage, dit le même auteur, occupe en France 2,500,000 charrues et « dépense chaque année 170 millions de journées d'attelage... Le perfectionne- « ment seul de nos charrues permettrait donc de réaliser sur les frais actuels de « labourage des économies dont chacun peut apprécier la grandeur. » (*Traité de génie rural.* t. I, p. 14.)

[2] *La Prime d'honneur dans l'Eure en* 1870.

la répartition régulière des engrais et des semences, et de rendre la végétation très inégale.

Le drainage permet de remplacer, dans les terres humides, la culture en petits billons par une culture en billons larges, ou en planches, préférable sous beaucoup de rapports.

33. Profondeur des labours. — On dit les labours *superficiels*, lorsqu'ils ont de 8 à 12 centimètres; *moyens* ou *ordinaires*, lorsqu'ils ont de 15 à 20 centimètres, et *profonds*, lorsqu'ils ont de 25 à 30 centimètres. Au delà, ils portent le nom de labours *de défoncement*.

Ces labours profonds ont l'avantage d'augmenter l'épaisseur de la couche arable accessible aux racines des plantes, qui peuvent ainsi aller chercher les substances assimilables que les eaux ont entraînées des couches superficielles vers les couches inférieures.

La profondeur des labours doit être appropriée aux plantes que l'on cultive et à la nature du sol.

Les plantes à racines pivotantes, telles que la betterave, les navets, etc., exigent une terre plus profondément divisée que les plantes à racines fibreuses ou traçantes.

Les terres fortes exigent des labours plus profonds que les terres légères. On a reconnu que dans les terres fortes, le rendement des récoltes augmente dans une certaine proportion avec la profondeur du labour.

La profondeur du labour est d'ailleurs subordonnée à la quantité d'engrais dont on dispose, à l'épaisseur de la couche végétale et à la nature du sous-sol.

Il est nécessaire que la largeur de la tranche soulevée soit proportionnée à la profondeur du labour. On estime que la bande soulevée par la charrue doit avoir une largeur égale à une fois et demie son épaisseur.

34. Époque des labours. — L'époque des labours varie selon la nature du sol et selon le genre des cultures.

Quelle que soit l'époque choisie, le labour ne doit être effectué, ni lorsque la terre est trop sèche, ni lorsqu'elle est trop humide. Dans le premier cas, les terres fortes se lèvent en grosses mottes qui ne s'ameublissent que difficilement, et les terres légères se dessèchent à l'air. Dans le second cas, le sol, pour peu qu'il soit argileux, est comprimé et pétri comme un mortier; il prend, en séchant, une dureté comparable à celle de la brique. Une saison favorable à l'ameublissement des terres fortes est celle qui précède les gelées.

35. Nombre des labours. — Dans les terres sableuses, un seul labour suffit ordinairement pour préparer le sol; on le fait suivre d'un hersage; puis, après l'ensemencement, on applique un second hersage.

Pour les terres ordinaires, il faut un nombre de labours et de hersages d'autant plus grand que le sol est plus compact.

« Dans le nord de la France, dit M. Payen, pour la plupart des plantes sarclées, on donne trois labours : le premier, à 8 centimètres de profondeur; le deuxième, à 16 centimètres, et le troisième, à 21 ou 28 centimètres; et, après chaque labour, un hersage. Le dernier sert, en outre, à enterrer le fumier[1].

« Toutes ces précautions, ajoute le même auteur, doivent être prises, à plus forte raison, lorsqu'on veut ameublir des terres très compactes et très argileuses. »

Dans le département de l'Eure, les jachères reçoivent ordinairement quatre façons. La première est dite *guéretage*, a seconde *retaillage*, la troisième *remontage*, la quatrième *labour à blé*.

36. Façons. Cultures superficielles. — On comprend ordinairement, sous le nom de *façons*, les divers apprêts qu'on fait subir à la terre pour la rendre propre à recevoir et à nourrir les plantes cultivées : les labours, les hersages, les roulages sont des façons.

On appelle *cultures superficielles* toutes les façons qui ont pour but d'ameublir la terre superficiellement, d'enfouir les semences et les engrais pulvérulents, de détruire les mauvaises herbes, d'amonceler la terre au pied des plantes cultivées, et quelquefois aussi de tasser et de comprimer le sol.

Les cultures superficielles s'exécutent à l'aide de divers instruments, dont les principaux sont : la *herse*, le *scarificateur*, l'*extirpateur*, la *herse à cheval*, le *buttoir* et le *rouleau*.

---

[1] Payen et Richard. *Agriculture*, t. I, p. 73.

2.

37. De la herse. — La herse, le plus utile des instruments de culture, après la charrue, est un châssis en bois ou en fer garni en dessous de dents destinées à briser les mottes, à ameublir le sol, à enlever les mauvaises herbes et à enterrer les graines.

Pour que la herse agisse efficacement, il faut que son poids soit proportionné à la dureté du sol et que ses dents soient disposées de manière à tracer chacune un petit sillon distinct.

Pour rendre le hersage plus expéditif ou plus parfait, on accouple quelquefois plusieurs herses à côté ou à la suite les unes des autres. On se sert, dans le même but, de *herses articulées*, formées de plusieurs châssis, unis par des anneaux; ces dernières sont surtout utiles dans les terres labourées en billons.

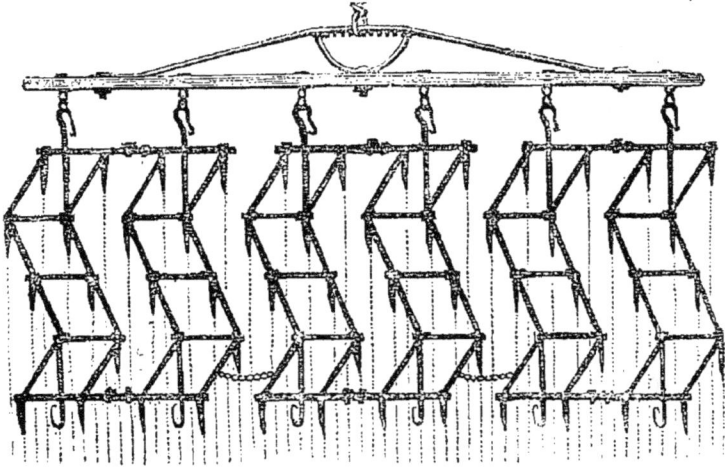

Fig. 3. Herse articulée.

Les hersages, comme les labours, doivent être faits en temps opportun, lorsque la terre n'est ni trop sèche ni trop humide.

Appliqué au commencement du printemps sur les blés en végétation, le hersage favorise d'une manière particulière le *tallage*, c'est-à-dire la production de plusieurs tiges sur le même pied. Il produit aussi d'excellents effets sur les prairies artificielles, principalement sur les vieilles luzernes.

38. Scarificateur. — Le scarificateur est une sorte de herse, munie ordinairement de roues et de mancherons et garnie de grosses dents, de pieds recourbés, ou de couteaux, qui coupent la terre verticalement en tranches minces ; il agit à la manière de la herse, mais plus énergiquement.

Le scarificateur s'emploie surtout pour diviser la croûte du sol durcie après la moisson, ou après la jachère, pour rafraîchir au printemps les labours d'automne, pour défricher les gazons et faciliter le passage de la charrue et pour détruire les mauvaises herbes.

39. De l'extirpateur. — L'extirpateur est un instrument analogue au scarificateur, et qui porte, au lieu de dents ou de couteaux, un certain nombre de petits socs destinés à couper horizontalement, sur leur passage, la terre et les racines.

Les mauvaises herbes coupées par l'extirpateur restent à la surface du sol, où elles se dessèchent.

On emploie aussi l'extirpateur pour déchausser les terres après la moisson, pour éclaircir les semis trop épais, et même pour exécuter, à la place de la charrue, les derniers labours qui précèdent l'ensemencement.

40. De la houe à cheval. — La houe à cheval est une sorte d'extirpateur muni de deux ou trois socs seulement ou de dents élargies, qui sert surtout pour détruire les mauvaises herbes dans les plantations ou dans les semis en lignes.

41. Du buttoir. — Le buttoir est une sorte de petite charrue légère munie de deux versoirs, et souvent de plusieurs petits socs analogues à ceux de l'extirpateur. On se sert de cet instrument pour ameublir le sol, et en même temps pour amonceler la terre au pied de certaines plantes disposées en lignes.

42. Du rouleau. — Le rouleau est un cylindre, tantôt en bois, tantôt en fer ou en fonte, qui tourne sur un axe, aux extrémités duquel est fixé un bâti en bois ou en fer, auquel on peut atteler les animaux de trait.

Le rouleau s'emploie, soit pour écraser les mottes après les hersages, soit pour augmenter, par le tassement, la consistance des terres légères.

Ce tassement, appelé souvent *plombage*, a pour effet de favoriser le contact de la terre avec les graines ou avec les racines
des plantes, et de rendre le sol plus propre à retenir l'humidité.

On emploie encore le rouleau, au commencement du printemps, sur les céréales d'automne, afin d'opérer une sorte de
repiquage des plants qui ont été déchaussés par les gelées, et
ainsi de rendre la surface du sol plus unie et plus propre à
retenir l'humidité et les engrais [1].

Les rouleaux qui servent à pulvériser les mottes se nomment
rouleaux brise-mottes. Ils sont ordinairement très pesants; de
plus, ils sont garnis sur leur pourtour de cannelures, d'aspé-
rités, de dents ou de renflements à angles tranchants. Ils sont
formés quelquefois de plusieurs cylindres courts ou de plateaux
circulaires qui peuvent tourner, indépendamment les uns des
autres, sur un axe commun.

Les rouleaux qui servent à comprimer le sol, les *rouleaux
plombeurs*, comme on les appelle, ont le plus souvent une surface unie et un poids relativement faible.

Le roulage ne doit être pratiqué que lorsque la terre est
suffisamment sèche : autrement, il serait nuisible.

CHAPITRE VI

ENGRAIS

43. Nécessité des engrais. — Les plantes, comme tous
les autres êtres vivants, ont besoin d'aliments pour vivre et se
développer ; elles puisent ces aliments dans l'air et dans le sol.

Les substances que les plantes puisent dans le sol ne s'y trouvent ordinairement qu'en très petite quantité. Chaque récolte
appauvrit donc la terre, qui, si on ne lui rend pas ce qu'elle a
perdu, ne tarde pas à s'épuiser et ne peut plus entretenir la
végétation active nécessaire à nos plantes cultivées.

---

[1] Dans certains pays, on roule très fortement les prairies naturelles dès que la
sécheresse se déclare ; cette opération produit d'excellents résultats. « Tandis que
les prés secs, abandonnés à eux-mêmes, jaunissent, ceux du voisinage, qu'on a
roulés, conservent leur teinte verte, parce que leur sol, bien tassé, retient l'humidité avec force. » (Le Dr Sacc, *Chimie du sol*, p. 69.)

est donc indispensable de restituer au sol les principes qui en ont été enlevés par les récoltes et d'y ajouter ceux qui manquent naturellement ; il faut même, comme on l'a dit, « *pré-* « *venir en quelque sorte les besoins des plantes et mettre dans la* « *terre ce que ces plantes doivent y prendre.* »

Dans ce but, on emploie des ENGRAIS, c'est-à-dire des « *subs-* « *tances qui passent du sol dans l'intérieur des plantes et servent* « *à leur nutrition* », et qui, par conséquent, peuvent réparer, conserver et augmenter la fertilité de la couche arable.

Les substances qui sont enlevées le plus rapidement au sol, celles qui d'ailleurs, dans la plupart des cas, s'y trouvent naturellement en même grande quantité sont l'azote, l'acide phosphorique, la potasse et la chaux.

« La terre n'est fertile que si elle contient ces divers éléments « en quantités suffisantes et sous des formes assimilables. S'il « lui en manque un ou plusieurs, elle est stérile. Si l'un de ces « éléments s'y trouve en minime proportion par rapport aux « autres, elle ne donne que de faibles récoltes. »

« Le meilleur engrais *pour une terre donnée* est *la matière* *qui lui apporte celui ou ceux des éléments dont elle n'était pas* *suffisamment pourvue* [1]. »

Ces éléments doivent de plus être associés à l'*humus* qui, selon l'expression d'un de nos plus savants agronomes, est « le premier agent du sol et la base de la fertilité des terres ».

44. Classification des engrais. — D'après leur origine, les engrais se divisent en *engrais animaux, engrais végétaux* et *engrais minéraux.*

Les engrais végétaux et les engrais animaux portent aussi le nom d'*engrais organiques* : leur mélange constitue les *engrais* *mixtes*, dont le plus important est le *fumier*.

Les engrais minéraux, appelés aussi *engrais inorganiques*, sont souvent désignés sous le nom d'*amendements*.

§ Ier. — ENGRAIS VÉGÉTAUX

45. Substances végétales pouvant servir d'engrais. — En se décomposant, toutes les matières végétales

---

[1] *Congrès international d'agriculture en 1878*, t. I, p. 121 et 122.

fournissent de l'humus et peuvent fertiliser le sol. On doit donc utiliser comme engrais toutes les plantes, tous les débris de végétaux qui ne sauraient servir utilement à l'alimentation du bétail.

La plupart de ces débris, les fanes de pommes de terre, celles de betterave, de colza, les pailles de sarrasin, les racines de colza, de trèfle et de luzerne, par exemple, équivalent, pour le moins, à leur poids de bon fumier de ferme.

On se prive donc d'un engrais précieux lorsque l'on brûle ces substances ou lorsqu'on les vend à vil prix. Il en est de même lorsque l'on néglige de recueillir les feuilles sèches, les chaumes, les fougères, les roseaux, les herbes aquatiques, si abondantes dans le lit et sur les bords de nos cours d'eau.

D'autres substances végétales, telles que la sciure de bois, les débris de tourbe, la tannée ou vieux tan, peuvent être arrosées avec du jus de fumier, ou mélangées avec de la chaux, et devenir d'excellents engrais.

Les marcs de poires et de pommes, qui sont si souvent perdus, forment, lorsqu'ils sont mélangés avec de la chaux et de la terre, un très bon engrais dont l'effet est surtout excellent au pied des poiriers et des pommiers.

Les *tourteaux*, résidus des graines ou des fruits dont l'huile a été retirée, sont des engrais très puissants qui conviennent surtout aux sols légers et calcaires.

On répand ces tourteaux, réduits en poudre, quelques jours avant l'ensemencement, en ayant soin de les couvrir par un léger coup de herse. On peut aussi les faire dissoudre dans de l'eau ou mieux dans du purin et les répandre au printemps sur les jeunes plantes.

46. Engrais verts. — On donne le nom d'engrais verts aux plantes que l'on enfouit entières lorsqu'elles ont acquis un certain développement. Ces herbes se décomposent rapidement dans le sol, fournissent de l'humus, et préparent en quelque sorte la nourriture des récoltes qui suivent.

On cultive, dans ce but, des plantes ou des mélanges de plantes à croissance rapide, telles que le sarrazin, la spergule, la navette, les vesces, etc., que l'on sème dru et que l'on enfouit par un labour dès qu'elles commencent à fleurir.

Les engrais verts, alternant avec d'autres fumures, produisent d'excellents effets dans les terres sableuses et naturellement meubles : ils conviennent peu aux terres argileuses.

§ II. — ENGRAIS ANIMAUX

47. Principaux engrais animaux. — On appelle engrais animaux toutes les substances d'origine animale, telles que les excréments, la chair, le sang, les os, les plumes, les débris de laine, de cornes, de cuirs, de peaux et en général tous les résidus de boucherie, d'équarrissage, de tanneries, etc.

Les engrais animaux sont beaucoup plus riches que les engrais végétaux, et ils agissent pour la plupart beaucoup plus promptement.

Toutes les substances animales sont loin d'avoir la même valeur comme engrais, et pour une même substance, pour les excréments, par exemple, cette valeur peut varier beaucoup : ainsi, les animaux bien nourris, ceux qui reçoivent des aliments substantiels, fournissent un engrais infiniment supérieur à celui des animaux mal nourris ou malades. (Voir note 5, à la fin du volume.)

48. Excréments des oiseaux. — Colombine et Poulaitte. — Les excréments des oiseaux ont, comme engrais, une action rapide et énergique ; ils conviennent surtout aux terrains humides et froids ; ils conviennent peu aux terres très légères, où ils ne doivent être employés qu'à petites doses.

On appelle *colombine* l'engrais fourni par les pigeons et *poulaitte* celui fourni par les poules.

Dans les pays de culture avancée, ces engrais sont recueillis avec le plus grand soin ; ils sont additionnés de débris, de tourbe, de sciure de bois, de tannée ou même de terre sèche et employés à l'état frais ou conservés dans un lieu sec.

On estime que 1,400 kil. de cet engrais équivalent à 30,000 kil. de bon fumier de ferme [1].

---

[1] En Belgique, on estime qu'une volaille, poule ou pigeon, dépose chaque jour, sous son juchoir, l'équivalent de 20 grammes de bon guano. (*L'Agriculture belge au Congrès international de 1878*, p. 138.) La valeur de l'engrais qu'il est possible de recueillir annuellement sous le juchoir d'un de ces animaux est donc de 4 fr. environ.

49. Guano. — On appelle guano un engrais formé d'excréments et de débris d'oiseaux de mer. On le trouve par bancs très considérables sur certaines côtes et sur quelques îlots de l'Océan.

Le plus énergique des guanos est celui qui provient du Pérou ou des îles qui l'avoisinent. (Voir note 6, à la fin du volume.)

Le guano produit surtout des effets remarquables dans les terres humides et riches en humus, sur le froment, le maïs, la betterave et sur les prairies naturelles.

Pour que le guano produise tout son effet utile, il faut qu'il soit bien pulvérisé et répandu par un temps un peu humide, le matin ou le soir, avant une pluie fine, lorsque cela est possible, et enterré immédiatement par un hersage.

On peut aussi répandre le guano après l'avoir mélangé avec de la terre bien pulvérisée, de la cendre ou du plâtre, mais on doit bien se garder de le mélanger avec de la chaux qui ferait dissiper dans l'air le principe le plus actif, l'azote qu'il contient.

Le guano s'emploie ordinairement à la dose de 250 à 400 kilog. par hectare; il excite une végétation vigoureuse qui ne pourrait pas se soutenir longtemps sans le concours du fumier de ferme.

50. Excréments des herbivores. — Les déjections des herbivores n'ont pas toutes les mêmes propriétés comme engrais.

Les excréments des chevaux et des moutons sont plus actifs que ceux des bœufs et des vaches; ils forment ce que l'on appelle des *engrais chauds* qui conviennent spécialement aux terrains argileux, froids et humides.

Les excréments des animaux de l'espèce bovine sont appelés *engrais froids*; ils contiennent une grande quantité d'eau et agissent plus lentement que les engrais chauds. Ces engrais conviennent particulièrement aux terrains sablonneux et calcaires.

L'engrais produit par les porcs est généralement peu estimé, à moins qu'il ne provienne d'animaux bien nourris. Avant d'employer cet engrais, on le mélange avec celui des autres animaux de la ferme, surtout avec celui des chevaux.

51. Urine. — L'urine des animaux est un engrais très énergique; « c'est, dit M. Victor Borie, le plus puissant de tous les engrais [1] ». C'est aux urines dont les litières des animaux sont imbibées que le fumier de ferme doit la plus grande partie de son action.

Les litières n'absorbent pas en totalité l'urine des bestiaux. On doit donc faire en sorte que cette urine ne s'infiltre pas dans le sol et ne se perde pas. Pour cela, il est indispensable que l'aire des écuries, des étables et des bergeries soit rendue imperméable au moyen d'un bétonnage ou d'un pavage en pierres, en briques ou en terre glaise, etc., et que l'engrais liquide puisse se rendre dans un réservoir parfaitement étanche.

L'urine de l'homme est plus fertilisante encore que celle des animaux. L'analyse de l'urine prouve que la perte d'un kilogramme de cet engrais équivaut à la perte d'un kilogramme de froment.

Employée pure, l'urine fraîche brûle les plantes sur lesquelles on la répand. Pour éviter cet inconvénient, on la mêle avec trois ou quatre fois son volume d'eau et on la répand sous forme d'arrosage, à la dose de 100 à 300 hectolitres par hectare sur les prairies naturelles et artificielles, sur les plantations de laitue et de choux. Cet engrais convient surtout aux terres légères.

L'urine peut être répandue fraîche, sans addition d'eau sur les guérets, avant le labour qui précède l'ensemencement. On peut aussi utiliser l'urine en l'employant à arroser les fumiers et les *composts*.

52. Parcage. — Le parcage permet d'appliquer directement sur le sol les excréments solides et liquides des moutons, que l'on enferme dans un enclos formé de barrières mobiles ou de claies, de manière à leur faire passer la nuit successivement sur toutes les parties d'un champ.

On estime qu'un mouton, parqué pendant une nuit, peut fumer fortement $1^{mq},2$ environ de terrain.

Le parcage doit être précédé et suivi d'un labour superficiel ou d'un hersage : il est surtout avantageux dans les terres légères destinées à recevoir des navets, du colza ou de l'avoine.

---

[1] *Les Travaux des champs*, p. 37.

53. Engrais humain. — Les excréments humains forment un engrais extrêmement actif qui, dans les pays de culture avancée, est recueilli avec le plus grand soin.

En Flandre, les cultivateurs vont chercher cet engrais dans les villes et le déposent dans des citernes voûtées où ils le laissent fermenter pendant quelques mois. Ils le répandent ensuite à l'état liquide, additionné d'urine et d'eau, avant les semailles ou après le repiquage des plantes, pour fumer le colza, l'œillette, la betterave fourragère, les pommes de terre, les céréales, les prairies naturelles et artificielles. On l'emploie même pour les légumes, auxquels, comme l'ont prouvé des expériences récentes, il ne communique aucune mauvaise odeur.

La dose de cet engrais varie de 200 à 300 hectolitres par hectare.

Les urines s'emploient de la même façon, mélangées avec des excréments solides ou additionnées d'eau.

C'est grâce à cet engrais que l'on obtient souvent en Flandre des récoltes de lin qui se vendent sur pied « jusqu'à *cinq mille francs l'hectare* », des prairies de ray-grass d'Italie, qui fournissent annuellement *neuf coupes, donnant ensemble, par hectare, jusqu'à cent cinquante et même deux cent mille kil. de fourrage vert* [1]. Les récoltes de *quatre-vingt mille, quatre-vingt-dix mille* et même cent vingt mille kil. de betteraves par hectare ne sont pas rares avec cet engrais. (Voir note 7, à la fin du volume.)

L'engrais humain convient particulièrement aux terres légères, sablonneuses, où il peut être employé exclusivement pendant plusieurs années. Dans les terres fortes, l'emploi exclusif des vidanges aurait pour effet d'augmenter encore la compacité du sol.

54. Poudrette. — On obtient la poudrette en faisant sécher à l'air les matières solides des vidanges.

Cette préparation a le grave inconvénient de faire perdre aux matières fécales une grande partie de leurs principes ferti-

---

[1] M. Girardin. *Les Engrais*. 7ᵉ édit., p. 125.
L'odeur désagréable, mais non insalubre, de l'engrais humain, peut être enlevée très facilement. Il suffit, pour cela, de jeter dans les fosses, par hectolitre de matière, un mélange formé de 4 kilogrammes de poussier de charbon, 350 grammes de plâtre cru et 350 grammes de couperose verte : le tout réduit en poudre très fine. Ces diverses substances ont ensemble une valeur de 50 c. environ.

lisants; de plus, les parties liquides, désignées sous le nom d'*eaux vannes*, ne sont pas utilisées, bien qu'elles soient les plus utiles et les plus actives.

La poudrette est un engrais très prompt, mais de peu de durée, que l'on réserve ordinairement pour les cultures industrielles, telles que le colza, le lin et le chanvre, bien qu'il puisse être appliqué à toute espèce de récolte.

55. Chair et sang des animaux. — La chair des animaux morts, coupée par morceaux et mise avec de la terre et de la chaux vive, forme un engrais très énergique.

Les animaux morts par suite d'accidents et de *maladies non contagieuses* doivent être placés dans une fosse avec de la chaux vive et recouverts de terre sur laquelle on met une légère couche de plâtre en poudre. Au bout d'une quinzaine de jours, on retire ces matières qui ont perdu leur odeur, on les mélange avec de la terre, puis, après les avoir recoupées plusieurs fois, on les emploie comme engrais. (Voir note 8, à la fin du volume.)

Le *sang* est le plus actif des engrais animaux; avant de l'employer, on le mélange avec trois ou quatre fois son volume de terre que l'on a fait chauffer fortement dans un four; on broie le tout, puis on répand sur le mélange du plâtre et du poussier de charbon de bois. 100 kil. de ce compost équivalent à 7,200 kil. environ de fumier de ferme. Ce genre de fumure convient parfaitement aux terres froides et argileuses.

56. Os. Superphosphate d'os. Noir animal. — Les os des animaux sont, comme engrais, une source précieuse de matière azotée et d'acide phosphorique; ils ont un pouvoir fertilisant de très longue durée.

Les os se répandent, réduits en poudre fine, sur les vieux pâturages, sur les prairies artificielles, sur les navets et sur les céréales. On peut aussi les stratifier avec de la terre ou du fumier, et les laisser fermenter. Ils se pulvérisent ensuite avec la plus grande facilité.

Traités par l'acide sulfurique, les os donnent un engrais connu sous le nom de *superphosphate d'os*, ou de *phosphate acide de chaux*.

57. Noir animal. — Les os, calcinés en vase clos et pulvérisés, produisent le *noir d'os* ou *noir animal,* qui, après avoir servi à clarifier ou à raffiner le sucre, forme un engrais connu sous le nom de *noir animal.*

Le noir animal, *résidu des raffineries,* employé à la dose de 4 à 10 hectolitres par hectare, produit surtout de bons effets dans les terres nouvellement défrichées et sur les prairies naturelles humides. Il s'applique également avec succès au sarrasin, au colza, aux choux, aux navets et même aux céréales, dans les terres qui manquent de phosphates.

Le noir animal produit peu d'effet sur les terres fertiles et habituellement bien cultivées. Son effet est entièrement nul sur les terres récemment chaulées ou sur celles qui contiennent beaucoup de calcaire.

58. Chiffons et débris de laine. — Les chiffons et les débris de laine, ainsi que les balayures et les déchets des fabriques de drap, sont des engrais très puissants et très durables.

33 kilog. de ces chiffons équivalent à 1,000 kilog. environ de fumier de ferme. Les chiffons de laine doivent donc être employés à petite dose, à celle d'environ 2,000 kilog. par hectare.

On peut aussi utiliser les chiffons de laine en les mettant dans les fumiers de ferme avec lesquels ils fermentent, et auxquels ils communiquent une grande richesse.

59. Débris de cornes, de plumes, poils, etc. — Les débris et les râpures de cornes, les plumes, les poils, les cheveux, etc., les rognures de cuir, de peaux, tous les résidus de tanneries, de boucheries et d'équarrissage, sont des engrais énergiques et durables, que l'on utilise soit en les appliquant directement dans la terre, soit en les mêlant aux fumiers de ferme.

CHAPITRE VII

DES FUMIERS

60. Fumier de ferme. — On appelle fumier le mélange des déjections solides et liquides des animaux, avec les substances végétales employées comme litière; on appelle ordinairement *fumier de ferme* celui qui résulte du mélange des fumiers produits par les divers bestiaux d'une exploitation agricole.

Le fumier est le plus important des engrais; la production, la conservation et le bon emploi du fumier sont, comme on l'a déjà dit, les bases de tout succès en agriculture. « Le manque de fumier est, selon l'expression d'un illustre agronome, le vice radical de notre agriculture [1]. »

La partie la plus active et la plus importante des fumiers est le *jus* ou *purin* qui sort des tas et des étables et qui est si souvent perdu par les mauvais cultivateurs.

61. Litières. — L'emploi des litières a pour but de procurer aux animaux un coucher doux, propre, sec et chaud, et aussi d'augmenter la masse des fumiers.

Les pailles qui ne servent pas à la nourriture des animaux sont les litières les plus employées. Les pailles de colza et celles de sarrasin que l'on a le tort de brûler encore trop souvent ont, comme litière, une valeur supérieure à celle des pailles de céréales.

On peut encore employer comme litière les fougères, les feuilles d'arbres, la sciure de bois, tous les débris des végétaux et même la terre sèche.

62. Divers fumiers. — Tels qu'ils sortent des étables, les fumiers sont dits *frais*, *longs* ou *pailleux*. On réserve ces fumiers, dont l'action est très lente, pour les terres argileuses et pour les plantes qui végètent lentement.

---

[1] Moll. Rapport sur l'agriculture de l'Eure. *Bulletin des travaux de la Société d'agriculture de l'Eure*, 1re série, t. VI. p. 284.

Mis en tas, le fumier fermente rapidement, et s'il est mal disposé ou abandonné à lui-même, comme cela arrive encore trop souvent, il s'échauffe fortement et perd une grande partie de ses principes utiles. Bien soigné, il forme une masse homogène, que l'on désigne sous le nom de *beurre noir*.

Le fumier fermenté, appelé encore *fumier fait, court* ou *gras*, a une action prompte, mais de peu de durée. On le réserve ordinairement pour les terres légères et pour les plantes qui ont une croissance rapide. Ce fumier est en général celui qui convient le mieux à notre climat, où la période active de la végétation est relativement courte.

Le fumier des moutons et celui des chevaux portent, comme nous l'avons vu, le nom de fumiers chauds ; ceux des autres bestiaux de la ferme sont appelés fumiers froids.

Ces fumiers ne conviennent pas indifféremment aux mêmes sols.

Le plus souvent, ces fumiers sont réunis et mélangés en un seul tas. De cette façon les fumiers qui sont trop secs, qui sont sujets à fermenter rapidement, à moisir, sont humectés par ceux qui sont trop humides.

63. Conservation du fumier. — Le lieu où l'on dépose les fumiers dans une ferme doit se trouver à proximité des écuries et des étables, mais hors de l'égout des toits; il doit être abrité, par une plantation d'arbres, ou autrement, contre les rayons du soleil qui occasionneraient, dans la masse d'engrais, une évaporation et une dessiccation trop actives.

L'emplacement des tas de fumier doit être inaccessible aux eaux qui tombent ou qui coulent dans son voisinage et qui enlèveraient la meilleure partie du fumier; il doit être rendu imperméable à l'aide d'une couche d'argile fortement battue, d'un béton, ou d'un pavage quelconque, afin que le purin ne s'infiltre pas dans la terre. Il faut aussi que cet emplacement ait une pente légère, qu'il soit entouré d'un petit talus et de rigoles permettant au purin de se rendre dans un réservoir à parois imperméables, où l'on pourra prendre ce liquide pour le reverser au besoin sur le tas de fumier.

Les matières tirées des étables doivent être étendues par couches régulières et tassées avec le pied. Ce tassement a pour effet de combler les vides qui donneraient lieu au *blanc*, c'est-à-dire à la moisissure de certaines parties du fumier.

Il importe que les faces du tas soient élevées verticalement, et soient bien unies, afin que l'évaporation ait lieu sur la surface la plus petite possible.

Au lieu d'élever le tas sur toute la portion de l'aire qu'il occupera lorsqu'il sera complet, on ne le fait que sur une partie, le tiers ou le quart par exemple, et lorsque ce premier tas est arrivé à une hauteur suffisante, 1m,50 à 2 mètres environ, on en recommence un second tout à côté, sans laisser d'espace libre; on peut faire de même un troisième et un quatrième tas. De cette manière, il est facile d'employer le fumier le plus vieux le premier, sans remuer les autres parties du tas, ce que l'on doit éviter avec soin.

Le tas de fumier doit être maintenu constamment humide, mais ne pas tremper dans l'eau. Il est donc nécessaire, pendant les temps secs, de l'arroser fréquemment avec le purin qui en est sorti ou même avec de l'eau, si le purin fait défaut. Cet arrosage se fait à l'aide d'une pompe, d'une écope, d'un arrosoir ou d'un vase quelconque.

Le fumier de cheval, traité isolément, exige plus de soins que celui des bêtes à cornes; il doit être tassé fortement, recouvert d'une couche de terre et maintenu humide à l'aide de fréquents arrosages.

Lorsque la fermentation du fumier est trop active, ce que l'on reconnaît à l'espèce de fumée blanche qui en sort et à l'odeur d'ammoniaque qu'il répand, les arrosages sont indispensables. Il est même nécessaire, dans ce cas, de saupoudrer le tas avec du plâtre pulvérisé ou avec de la *couperose verte* (sulfate de fer), ou de le recouvrir d'une faible couche de terre.

Il ne faut pas que la fermentation du fumier soit poussée à l'excès : cette fermentation est ordinairement suffisante au bout de six semaines pendant l'été, et de deux ou trois mois pendant l'hiver. Le fumier trop consommé a perdu une grande partie de sa valeur.

64. Epandage et enfouissement du fumier. — Lorsqu'il a été transporté aux champs, le fumier doit être répandu et enfoui le plus tôt possible, de manière qu'il ne soit ni desséché par le soleil, ni lavé par les pluies.

On l'enterre d'autant plus profondément que la terre est plus légère, et d'autant plus superficiellement qu'elle est plus forte et plus humide.

65. Fumiers en couverture. — On répand quelquefois le fumier *en couverture*, c'est-à-dire sur les plantes en végétation, sans l'enterrer ; sur les blés, par exemple, au moment du hersage, vers le commencement du printemps.

Cette pratique, qui permet de suppléer à l'insuffisance des fumiers d'automne, produit de bons effets dans les terrains légers, sablonneux ou calcaires.

66. Quantité de fumier à employer par hectare. — La dose de fumier à employer par hectare est très variable : elle dépend de la qualité de l'engrais, de la nature du sol et de celle des cultures.

C'est par des essais que l'on arrive à déterminer la proportion la plus convenable. On estime qu'une dose équivalant à 10,000 kilog. de bon fumier par an est suffisante dans la majorité des cas [1].

67. Emploi du purin. — Le purin non absorbé par le fumier s'emploie, additionné de deux ou trois fois son volume d'eau, pour arroser les prairies naturelles ou artificielles. On peut aussi le répandre sur les terres en labour ou s'en servir, comme de l'urine, pour arroser les *composts*. L'essentiel est qu'aucune partie de cet engrais si puissant ne soit perdue.

CHAPITRE VIII

AMENDEMENTS, ENGRAIS MINÉRAUX ET CHIMIQUES, COMPOSTS

68. Amendements. — On désigne le plus ordinairement sous le nom d'amendements, les substances qui, mises dans le

---

[1] MM. Girardin et Boussingault. Dans les pays de culture avancée, on fume quelquefois à la dose de 50 à 60,000 kilogrammes et plus, par hectare, la plante sarclée placée en tête de la rotation de trois ou de quatre ans.

sol, peuvent en corriger les défauts, ou favoriser l'action des engrais[1] : Ainsi le *sable*, les *graviers*, l'*argile calcinée* sont des amendements pour les terres argileuses compactes ; l'argile est un amendement pour les sols essentiellement sableux, calcaires ou tourbeux. Un grand nombre de substances, la chaux et les cendres, par exemple, agissent à la fois comme engrais et comme amendements ; ils apportent dans le sol des éléments qui lui font défaut et en même temps rendent la terre plus légère et plus perméable [2].

69. Engrais minéraux. — Les engrais minéraux, appelés souvent aussi *amendements assimilables*, sont les substances inorganiques qui peuvent fournir des aliments aux plantes, tout en agissant le plus souvent comme amendements pour le sol [3].

Parmi ces substances, on peut citer la *chaux*, la *marne*, le *plâtre*, les *phosphates de chaux*, les *coquillages*, les *cendres*, la *suie*, les *plâtras*, ou débris de démolitions.

70. De la chaux. — La chaux, que l'on obtient en chauffant fortement des *pierres calcaires*, convient à tous les sols non humides, qui ne contiennent pas une quantité suffisante de calcaire.

Elle est nécessaire dans les sols argileux, argilo-siliceux ou tourbeux dans lesquels abondent les fougères, les bruyères, les mousses, le chiendent et la petite oseille, plantes que la chaux fait promptement disparaître.

Ce n'est qu'après avoir été assainies, que les terres humides peuvent recevoir la chaux avec profit.

La chaux, appliquée dans les sols compacts, les rend légers et poreux ; de plus, elle active puissamment la végétation en contribuant à rendre assimilables pour les plantes les engrais contenus dans la terre. Il est donc nécessaire que les chaulages soient suivis de fortes fumures à l'aide de fumier de ferme.

Avant d'employer la chaux, on la met ordinairement en tas plus ou moins gros que l'on recouvre de terre, de curures de

[1] Barral. *Le Bon Fermier*. p. 1258.

[2] Voir, pour cette importante question, l'excellent petit ouvrage intitulé: *A B C théorique d'agriculture*, par M. Léon Feret.

3.

fossés ou de gazon et que l'on recoupe plusieurs fois afin de bien mélanger le tout.

Dès que la chaux est répandue sur le sol, on la recouvre au moyen d'un hersage ou d'un labour superficiel ; on évite ave soin de l'enfouir dans le sol en même temps que la semence.

La dose moyenne de chaux employée dans le département varie de 40 à 50 hectolitres par hectare, lorsque le chaulage revient tous les dix ou douze ans, ou de 9 à 10 hectolitres, lorsqu'il est renouvelé tous les trois ans.

71. Marne. — La marne est un mélange d'argile et de sable avec une quantité variable de chaux.

La marne convient aux mêmes terres que la chaux ; elle produit des effets analogues, mais moins énergiques.

La marne, qui contient beaucoup d'argile, est propre surtout aux terrains légers et sablonneux ; celle qui contient beaucoup de chaux (*marne calcaire ou craie*) convient surtout aux terrains froids et tourbeux ; la marne sableuse convient spécialement aux terres fortes.

On répand la marne sur les champs avant l'hiver afin qu'elle puisse se déliter à la gelée.

Dans le département de l'Eure, les marnages sont renouvelés tous les douze ou quinze ans, à la dose de 20 à 40 mètres cubes, quelquefois beaucoup plus (jusqu'à 120 mètres cubes), par hectare [1].

La marne employée est le plus souvent une sorte de craie qui contient 80 à 85 p. 100 de carbonate de chaux et 10 à 12 p. 100 de sable fin, avec une petite quantité d'argile [2].

72. Plâtre. — Le plâtre est un composé de chaux et d'acide sulfurique.

Réduit en poudre fine, le plâtre s'emploie, cuit ou cru, sur

[1] Dans le compte rendu de son excursion agricole dans le département de l'Eure, le savant agronome, M. Moll, constate que l'on a parfois abusé du marnage, et que t op souvent « on a pris la marnière pour la fosse à fumier ». *Bulletin des travaux de la Société de l'Eure*, 1re série, t. VI, p. 284.

[2] La marne, ou crayon, de la côte Blanche, à Cambolle, près Évreux, contient, pour cent : carbonate de chaux 85, silice 3, alumine 4,5. Les marnes des vallées de l'Iton, de l'Eure et de l'Avre ont à peu près la même composition que celle d'Évreux. Isidore Pierre, *Encyc. prat. de l'agriculteur*, t. X, p. 150. M. A. Passy, *Description géologique*, p. 160.

les trèfles, les luzernes, le sainfoin, le colza, les choux, etc., lorsque ces plantes, dont il favorise la végétation d'une manière extraordinaire, ont acquis une certaine force.

Le plâtre ne produit que peu d'effet dans les terres trop humides ; son action est à peu près nulle sur les graminées, les blés et les avoines, par exemple.

La dose la plus ordinaire est 2 ou 3 hectolitres par hectare. On choisit, pour le répandre, un temps calme, un peu humide, lorsque les plantes sont couvertes de rosée.

73. Phosphate de chaux. — Les phosphates de chaux *fossiles* qui se rencontrent sur plusieurs points de la France sont principalement recherchés comme engrais pour leur richesse en acide phosphorique.

On les emploie, réduits en poudre très fine, à la dose de 400 à 600 kilogrammes par hectare.

Ils conviennent surtout aux défrichements riches en détritus végétaux, et aux terrains tourbeux : ils produisent aussi d'excellents effets sur les pâturages et sur les prairies.

On utilise encore souvent le phosphate en le semant en poudre, sur les lits successifs des fumiers de ferme.

Traités par l'acide sulfurique, les phosphates donnent ce que l'on appelle les *superphosphates*, engrais qui conviennent surtout aux terrains de nature siliceuse et aux terres calcaires de culture ancienne [1].

74. Cendres et charrée. — Les cendres de bois, contenant tous les principes minéraux des plantes dont elles proviennent, sont de très bons engrais pour les terres cultivées et surtout pour les prairies, spécialement dans les sols argileux et humides.

Les cendres lessivées ou *charrées* ont à peu près la même action que les cendres elles-mêmes. On les emploie à une dose un peu plus considérable ; les charrées, dit M. Isidore Pierre, sont l'engrais par excellence des prés non arrosés.

Les cendres de houille et de tourbe sont employées comme celles du bois ; elles conviennent spécialement aux terres argi-

---

[1] *Congrès international de l'agriculture en* 1878, IIe partie, p. 7.

leuses ou marécageuses. On les fait souvent entrer dans les composts.

75. Suie. — La suie est un engrais excellent pour les prés humides où elle fait promptement disparaître les prêles, les mousses, les joncs et autres mauvaises herbes.

Répandue au printemps, à petites doses, sur les jeunes plantes, la suie leur donne une vigueur remarquable. On s'en sert également avec succès pour garantir les jeunes plants de de colza et de choux contre les insectes qui les dévorent.

76. Plâtras ou débris de démolitions. — Les plâtras ont une action énergique et de longue durée dans les sols humides et non calcaires. Ils ne devraient jamais être perdus pour l'agriculture.

77. Engrais commerciaux. — On donne le nom *d'engrais commerciaux* aux substances fertilisantes que le cultivateur achète au dehors et emploie comme auxiliaires du fumier de ferme.

Le fumier produit dans une ferme, même lorsqu'il est recueilli et conservé avec soin, ne suffit pas pour restituer au sol toutes les substances qui y ont été puisées par les plantes. Ces substances en effet sont en partie exportées de la ferme et vendues sur les marchés sous forme de grains, de fourrages, de lait, de beurre, de laine, de viande du bétail, etc. [1].

Pour augmenter ou même pour maintenir la fertilité du sol, il est donc indispensable de recourir aux engrais, tels que le guano, la poudrette, le noir animal, le phosphate, etc., désignés ordinairement sous le nom d'*engrais commerciaux*.

78. Engrais chimiques. — On désigne spécialement sous le nom d'*engrais chimiques*, les engrais commerciaux qui consistent en des substances minérales à peu près pures et d'une composition parfaitement définie.

Les principaux sont : le *superphosphate de chaux*, le *sulfate*

---

[1] Voir *Bull. de la Société d'agriculture de Caen*, *Mémoire de M. Isidore Pierre*, 1874, p. 69 et suiv.

d'ammoniaque, le *nitrate de potasse*, le *nitrate de soude*, le *sulfate de chaux* ou plâtre.

Ces différents engrais, dont la décomposition exacte est déterminée, permettent de donner à chaque culture les substances qui lui sont spécialement nécessaires ; ils permettent aussi de donner au sol les éléments qui lui manquent et sans lesquels il ne peut être fertile.

Les chimistes qui fabriquent ces engrais indiquent ordinairement le genre de culture auquel chacun d'eux convient. Cependant, avant de les appliquer en grand, il est toujours prudent d'en faire l'essai sur une petite étendue de terrain.

79. Composts. — On appelle composts des mélanges artificiels d'engrais et d'amendements.

La chaux, la marne, la suie, les cendres, les matières fécales, les débris d'animaux entrent habituellement dans les composts avec des curures de mares, de fossés, de rivières, des balayures de cours et de rues, des débris de fourrages, de la sciure de bois, des marcs de pommes, etc.

On forme avec ces substances des tas que l'on arrose de temps à autre avec des eaux de lessive, de savon, avec de l'urine ou du purin, et que l'on recoupe plusieurs fois afin de bien diviser et de mélanger intimement les matières qui forment le compost et de favoriser la formation, aux dépens de l'air, d'une substance très fertilisante nommée salpêtre.

Les composts sont très favorables aux prairies, mais ils peuvent être utilisés pour toutes les cultures.

80. — Boues des villes. Vases des mares. — Les boues des villes et les balayures des rues forment, après avoir fermenté en tas, des engrais très actifs que l'on emploie surtout en couverture.

Il est bon de mettre dans les tas une petite quantité de chaux, un vingtième environ, et de recouper plusieurs fois le mélange.

La vase des mares, des fossés et des cours d'eau, forme, lorsqu'elle a été mise en tas et abandonnée à l'air pendant cinq à six mois, un engrais qui équivaut pour le moins à son poids de fumier de ferme.

Lorsque la vase est égouttée, il est bon d'y ajouter un sixième environ de son volume de chaux ; on détruit ainsi les graines de mauvaises herbes qu'elle peut contenir.

La vase sèche peut, dans tous les cas, être appliquée aux prairies ou réservée pour les récoltes sarclées.

CHAPITRE IX

ARROSEMENT ET IRRIGATION

81. Arrosement. — Les plantes ont besoin, pour vivre, d'une certaine quantité d'eau. Sans humidité, il n'y a pas de végétation possible, quelle que soit la richesse du sol.

L'eau, indispensable pour dissoudre les aliments des plantes, contient elle-même, presque toujours, une quantité très notable de matières fertilisantes : elle peut, dit M. Léon Feret, être considérée comme un engrais mixte à cause des principes nombreux qu'elle contient, suivant son origine [1].

Les pluies et les rosées fournissent habituellement aux plantes l'eau qui leur est nécessaire, sinon on a recours à l'arrosement et à l'irrigation.

Dans la petite culture et dans le jardinage, on pratique les arrosements à l'aide d'ustensiles nommés *arrosoirs*, qui fournissent l'eau, tantôt par une pomme percée de petits trous, tantôt par une languette allongée.

L'eau employée à l'arrosage doit être aérée et avoir une température à peu près égale à celle du sol ; elle ne doit contenir aucun principe nuisible à la végétation. L'eau de pluie, comme celle des citernes et des cours d'eau, est préférable à celle des puits : il faut que cette dernière soit exposée à l'air avant d'être employée.

Les eaux de mauvaise qualité peuvent être améliorées de diverses manières : celles qui sont froides, mal aérées, deviennent propres aux arrosages et à l'irrigation, lorsqu'elles ont été exposées à l'air ; les eaux acides, chargées de tanin, qui ont passé sur des terrains tourbeux, sur des feuilles de

[1] *A B C théorique d'agriculture*, p. 49.

chêne, etc., s'améliorent lorsqu'on y ajoute de la chaux ou un peu de purin.

L'arrosage doit se faire au moment de la journée où l'on n'a pas à craindre l'effet de la chaleur ou du froid sur les plantes mouillées. Pendant le printemps et l'automne, il est bon d'arroser dans la matinée; en été, on peut arroser le matin et le soir. Il est toujours dangereux d'arroser au milieu du jour.

82. Irrigations. — Dans la grande culture, les arrosements consistent à faire courir l'eau à la surface du sol ou à la faire circuler dans des rigoles ouvertes de distance en distance, de manière que le terrain se trouve imbibé d'eau, sans que la surface en soit recouverte.

Il existe un grand nombre de systèmes d'irrigations qui devront être étudiés dans des ouvrages spéciaux.

La nature de l'eau employée pour les irrigations est, comme pour les arrosages, de la plus haute importance : les eaux de nos rivières sont excellentes.

On peut, dit M. Hervé Mangon, considérer comme très bonnes celles où végètent en abondance le cresson de fontaine, les renoncules aquatiques, les potamogetons et les véroniques. Les eaux de mauvaise qualité peuvent d'ailleurs être améliorées. (Voir ci-dessus : *Arrosement.*)

Les eaux d'arrosage sont quelquefois additionnées de diverses substances fertilisantes, de purin, d'urine, de boues, d'engrais divers qui font de l'irrigation un moyen puissant de fertilisation. (Voir note 9, à la fin du volume.)

L'irrigation est surtout avantageuse dans les prairies naturelles dont l'herbe, employée à la nourriture du bétail, « sert à la production du fumier et permet de transporter ensuite sur les autres terres de la ferme les principes fertilisants contenus dans les eaux ». Mais, dans ce cas comme toujours, l'excès est à éviter.

Généralement, dans notre département, la quantité d'eau employée pour les irrigations dans la plupart de nos vallées est trop considérable : « Il en résulte qu'au lieu d'avoir constamment une herbe de bonne qualité, on obtient trop souvent un fourrage mélangé de joncs, de laiches, de carex, d'herbes sures et de toutes ces plantes qui ne se développent qu'à la faveur d'un excès d'humidité [1]. »

CHAPITRE X

ASSOLEMENTS

83. Nécessité de varier les cultures sur le même terrain. — Toutes les plantes puisent dans le sol une partie de leur nourriture, mais toutes n'y puisent pas les mêmes quantités de principes nutritifs; les unes sont avides de certaines substances, qui sont moins nécessaires aux autres.

La répétition sur le même terrain de deux récoltes de même nature a donc pour effet d'épuiser le sol; de plus, cette répétition permet rarement de mettre la terre dans des conditions convenables de préparation et de propreté pour la récolte suivante. De là cette vérité incontestable « *qu'il faut faire varier les récoltes qu'on demande aux terres arables, si l'on veut qu'elles conservent leur fertilité* [2] ».

Certaines plantes, principalement celles que l'on récolte à maturité complète, les céréales par exemple, épuisent considérablement la couche arable, et sont dites *épuisantes*; d'autres, comme les trèfles, les luzernes et la plupart des plantes fourragères, qui ont de longues racines, ou un feuillage abondant, épuisent peu la couche superficielle du sol, et paraissent même l'améliorer; ces plantes sont dites *améliorantes*.

D'un autre côté, il y a des cultures, celle des céréales entre autres, qui favorisent la croissance des mauvaises herbes; elles sont dites *salissantes*; il y en a d'autres, qui, comme celles de la pomme de terre, de la betterave, du trèfle, détruisent les mauvaises herbes, ou les étouffent. Ces cultures sont dites *nettoyantes*, ou *étouffantes*.

Il est donc facile de comprendre que certaines cultures sont plus que d'autres favorables à la récolte qui doit les suivre sur

---

[1] *Enquête sur la situation et les besoins de l'agriculture dans le département de l'Eure*, t. I, p. 125.

[2] Voir *Les Assolements*, par M. G. Heuzé.

le même champ, et que l'ordre de succession des récoltes sur un terrain n'est pas indifférent.

84. Assolement. — « *On appelle* ASSOLEMENT *l'art de faire alterner les cultures sur le même terrain, pour en tirer le plus grand produit, aux moindres frais possibles, et sans nuire à la fécondité du sol* [1] ».

L'ordre suivant lequel les cultures se succèdent sur le même terrain porte le nom de *rotation des récoltes*, ou *cours de culture*. On nomme *soles* ou *saisons*, les parties d'une exploitation consacrée à une culture spéciale.

Le choix d'un assolement est subordonné à un très grand nombre de circonstances; mais, quel que soit le système adopté, il est indispensable de faire alterner les cultures, de manière qu'une plante épuisante succède à une plante améliorante, une récolte nettoyante, à une récolte salissante.

L'assolement qu'on adopte doit produire assez de fourrages pour nourrir un bétail suffisant à la production du fumier dont on a besoin : il doit aussi permettre de répartir à peu près également les travaux de la culture, entre toutes les saisons de l'année.

Les agronomes conseillent généralement de commencer l'assolement par une *culture sarclée* (pommes de terre, betteraves, colza etc.), à laquelle on applique une forte fumure. Ces cultures sarclées ont l'avantage de bien résister à un excès de fécondité du sol, et de permettre un bon nettoyage de la terre. L'engrais appliqué ainsi profite non seulement à la plante placée en tête de la rotation, mais encore à toutes celles qui la suivent [2].

85. Durée de l'assolement. — L'assolement est dit *biennal*, ou de deux ans, lorsque les mêmes cultures reviennent tous les deux ans sur le même terrain.

L'assolement biennal, ordinairement adopté dans la plaine du Neubourg, et dans les arrondissements de Bernay et de Pont-Audemer, comprend la succession suivante :

---

[1] Aubril. *Manuel agricole de la Manche*, p. 15.

[2] « *Il importe de ne pas oublier*, dit M. Heuzé, *qu'on peut souvent, sans changer l'ordre de succession des récoltes, cultiver le navet, le sarrasin, le maïs, la moutarde blanche, comme récoltes dérobées, ou comme engrais verts.* » Voir *Congrès international de l'agriculture 1878*. Rapport de M. Heuzé, p. 233.

4re année, *plantes fourragères* (trèfles, pois gris, minette, vesce, etc.

2e année, *céréales.*

Dans la plaine du Neubourg et dans le Roumois, une partie de la première sole est occupée par le colza d'automne. Dans les arrondissements de Bernay et de Pont-Audemer, une portion de la première sole est occupée par le chanvre, et surtout par le lin.

Cette succession de culture est soutenue par une sole, hors rotation, occupée par la luzerne, le sainfoin.

Autrefois, après avoir obtenu une récolte de céréales, on laissait *la terre* en *jachère*, c'est à dire en repos, sans rapport.

Cette jachère avait le grave inconvénient de laisser la terre improductive une année sur deux, et de ne pas produire de fourrages.

86. Assolement triennal. — L'assolement triennal, ou de trois ans, est principalement suivi dans les arrondissements des Andelys et d'Évreux, et dans la partie orientale de l'arrondissement de Louviers ; la succession la plus répandue est la suivante :

4re année, *jachères ou plantes fourragères.*

2e année, *froment d'automne.*

3e année, *orge, avoine ou lin.*

Une portion du terrain restant en dehors de la rotation est occupée par la luzerne et le sainfoin.

On a presque partout remplacé la jachère par une culture de plantes fourragères : c'est là un véritable progrès.

Cet assolement a cependant le grave inconvénient de ramener deux céréales à la suite l'une de l'autre, et de salir promptement le sol.

Un assolement usité dans quelques terrains sablonneux brûlants du département, spécialement dans une partie des cantons de Gaillon, de Louviers et de Pont-de-l'Arche, mérite d'être signalé et recommandé pour les sols de cette nature ; il se compose :

4re année, *orge ou avoine*, après lesquels on sème du *trèfle* incarnat, que l'on coupe dès le mois de mai ou de juin.

2e année, *trèfle incarnat*, auquel succède une récolte de *pommes de terre*, après lesquelles on sème du *seigle*.

3° année, *seigle* suivi d'une *récolte dérobée* de *navets*, après lesquels reviendront au printemps suivant l'orge ou l'avoine.

On obtient ainsi, en trois ans, cinq récoltes dont trois de plantes fourragères nettoyantes. Cet assolement, soutenu par d'abondantes fumures, rend promptement possible dans ces terrains la culture du blé [1].

87. Assolement quadriennal. — L'assolement quadriennal, ou de quatre ans, est usité sur quelques points du département, surtout dans le Vexin; il se compose :

1re année, *plantes sarclées*, bien fumées, et bien labourées. (Betteraves, navets, pommes de terre, etc.)

2e année, *céréales d'hiver*, dans laquelle on sème au printemps du trèfle, ou de la minette, que l'on coupe après la moisson.

3e année, *trèfle ou minette.*

4e année, *céréales* (blé, orge ou avoine).

Dans d'autres cas, la rotation est la suivante : *culture sarclée, avoine ou orge, trèfle, blé*. Cette rotation, qui se rapproche du célèbre assolement dit de *Norfolk*, est considérée comme très avantageuse.

88. Autres assolements. — La durée de l'assolement peut être de cinq ans, de six ans, etc., et même de vingt ans et plus.

Comme exemple d'assolement de cinq ans (assolement *quinquennal*), nous citerons le suivant :

1re année, *betteraves*; 2e année, *blé d'automne*; 3e année, *seigle*; 4e année, *fourrages annuels*; 5e année, *blé ou céréales d'automne*. Cet assolement est soutenu par une sole de luzerne que l'on défriche et renouvelle par quart tous les ans.

On peut citer comme exemple d'assolement de six ans celui qui est ainsi composé :

1re année, *betteraves, carottes, pommes de terre*; 2e année, *céréales de mars*; 3e année, *trèfle ou minette*; 4e année, *blé d'automne*; 5e année, *colza ou sarrasin*; 6e année, *blé d'hiver*

---

[1] *Annuaire de l'Association Normande*, 25e année, p. 200.

ou *seigle*. Une septième sole, située en dehors de la rotation, est occupée par la luzerne[1].

89. Jachères. — Les jachères, qui sont généralement condamnées, lorsqu'elles alternent avec les céréales, sont quelquefois utiles, lorsqu'elles ont pour objet de nettoyer des champs infectés de mauvaises herbes à racines vivaces, telles que le chiendent, les patenôtres, etc.

Pendant l'année de la jachère, on doit multiplier les labours, les hersages, et les scarifications. Les mauvaises herbes doivent être recueillies avec soin, et mises en tas avec de la chaux.

[1] Adopté sur une partie de la ferme de Guitry, par M. Bénard, lauréat de la prime d'honneur en 1870, et sur le domaine de la Vacherie, par M. de Montenot, qui a obtenu un grand prix cultural en 1870. — Voir : *La Prime d'Honneur en 1870*, p. 40 et suiv.

DEUXIÈME PARTIE

CULTURES SPÉCIALES DES PLANTES

—

CHAPITRE PREMIER

SEMAILLES ET PLANTATION

90. Choix des graines. — Le choix des graines destinées à l'ensemencement est de la plus haute importance: tout le succès d'une récolte en dépend souvent.

Il importe que les graines soient bien mûres, bien conformées et fraîches, autant que possible, et qu'elles proviennent de plantes vigoureuses, bien développées et exemptes de maladies. Les plantes envahies par des parasites (cuscutes de luzerne, carie, charbon et rouille du froment) ne doivent jamais être choisies pour faire des semences.

Il est nécessaire que les graines soient récoltées par un temps sec et mises en couches peu épaisses, à l'abri de l'humidité; il faut aussi qu'elles soient garanties d'une trop grande dessiccation, ainsi que des ravages des insectes.

91. Epoque des semailles. — C'est au printemps et à l'automne que se font les principaux ensemencements. Les plantes, qui, comme le blé et l'avoine, supportent facilement le froid, se sèment à l'automne; celles qui sont plus délicates se sèment au printemps.

En général, les ensemencements d'automne doivent être d'autant plus hâtifs, et ceux du printemps d'autant plus tardifs que le sol est plus argileux, plus humide, et que la saison est plus froide.

92. Différents modes de semis. — Les semis se font à *demeure*, c'est-à-dire sur le sol même où la plante doit acquérir tout son développement, ou en *pépinière*, c'est-à-dire dans un terrain spécial, d'où les jeunes plants seront extraits pour être mis dans la place qu'ils doivent occuper définitivement.

Les semences se répandent sur le sol, soit à la main, soit à l'aide d'instruments nommés *semoirs*.

93. Semis à la main. — Cette opération consiste à répandre la graine, soit *à la volée*, en lançant cette graine de manière à la disperser le plus également possible, soit *en lignes*, en la déposant dans de petites fosses, ou dans de petits sillons creusés d'avance. Ce dernier mode n'est guère praticable que dans le jardinage.

Le semis à la volée exige une grande habileté de la part du semeur qui doit combiner et proportionner la longueur de ses pas, le volume de ses poignées de graines et la largeur de ses *trains*, de manière à ne répandre ni trop ni trop peu de semence.

Lorsque la semence est répandue sur le sol, on l'enterre au moyen d'un hersage, ou d'un roulage, ou d'un labour superficiel.

94. Semoirs. — Dans le semis à la volée, la semence est toujours mal distribuée sur le terrain; une partie de la graine se trouve trop ou trop peu enterrée; elle est, par conséquent, perdue.

Les semoirs mécaniques ont l'avantage de distribuer la semence d'une manière très uniforme, de placer les plantes en lignes, d'enterrer toutes les graines à la même profondeur, de les recouvrir, et souvent de les mêler à un engrais pulvérulent.

La forme, la disposition et les dimensions des semoirs mécaniques sont très variables. Ces instruments se composent ordinairement d'une caisse dans laquelle se trouve un cylindre muni de petits godets, ou de petites cuillères : une chaîne sans fin relie ce cylindre à l'avant-train de l'appareil, et peut lui communiquer un mouvement de rotation. Lorsque la graine est placée dans la caisse et que l'instrument est en marche, les petits godets mesurent la graine, l'enlèvent et la laissent tomber régulièrement dans des entonnoirs, d'où elle passe dans des tubes terminés inférieurement par de petits socs destinés à tracer un sillon étroit, au fond duquel la semence se trouve déposée.

Le cylindre est quelquefois creusé sur certains points de son

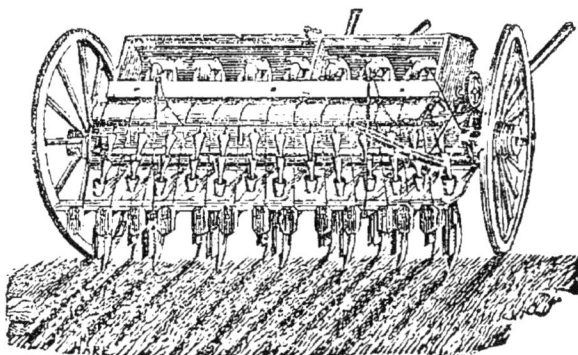

Fig. 4. Semoir à soc mobile.

pourtour; les graines se logent d'elles-mêmes dans les cavités et tombent d'abord dans les tubes que porte le semoir, puis sur le sol.

L'emploi du semoir permet en général d'épargner une certaine quantité de semence; il rend la levée plus régulière, et facilite les sarclages, les binages et les autres opérations de la culture ; il favorise aussi la circulation de l'air entre les tiges qui se développent mieux et prennent plus de force.

95. Profondeur à laquelle on doit enterrer les graines. — Les graines enterrées trop profondément ne germent que difficilement; elles ne germent même pas du tout, si elles sont privées d'air.

Les graines fines, comme celles du trèfle, des navets, etc., ne doivent être recouvertes que d'une très faible couche de terre, de 6 à 8 millimètres seulement.

La profondeur la plus convenable est, pour le blé : de 4 à 5 centimètres environ ; pour l'orge, de 6 à 8 centimètres ; pour les graines de betteraves, de 3 à 6 centimètres. En général, les graines doivent être enterrées d'autant plus profondément qu'elles sont plus grosses, que la terre est plus légère et plus sèche.

Dans les terres très légères, ou spongieuses, il est indispensable de tasser, à l'aide d'un rouleau, le terrain ensemencé.

96. Transplantation. — On appelle ainsi le transport d'un jeune plant, du lieu ou il a crû spontanément, ou du lieu dans lequel il a été semé en pépinière, dans celui où il doit rester définitivement.

Cette opération donne le moyen d'espacer convenablement les végétaux sur le terrain, et de rendre les binages et les sarclages plus faciles. Elle permet aussi d'obtenir des plantes plus précoces, et quelquefois plus vigoureuses.

Pour faire une transplantation, on choisit de préférence un temps humide qui permet d'enlever les plantes de la pépinière, en brisant le moins possible leurs racines. Lorsque la terre est sèche et dure, on doit l'arroser copieusement la veille de la déplantation.

Il est bon d'enlever *en mottes*, c'est-à-dire avec une certaine quantité de terre, les plantes qui sont d'une reprise difficile, et de couper nettement l'extrémité des racines meurtries ou brisées.

Le repiquage se fait de différentes manières, au plantoir ou à la charrue; dans tous les cas, il est indispensable que la racine du plant ne soit pas recourbée sur elle-même, qu'elle ne soit pas trop enterrée, et qu'elle se trouve de toutes parts en contact avec la terre. Il est indispensable aussi de choisir le moment où la terre est convenablement humide.

97. Binages. — Les binages ont pour but de rendre le sol autour des racines de plantes plus perméable à l'air et à l'humidité, et de détruire en même temps les mauvaises herbes.

Les binages s'exécutent à l'aide de divers instruments spéciaux nommés *binettes, ratissoires, houes à cheval*, etc.; pour les céréales, on emploie la herse ordinaire.

On choisit, pour faire ce travail, le moment où la terre est légèrement humectée, et où elle s'émiette facilement.

98. Sarclages. — Les sarclages ont pour effet de détruire les mauvaises herbes, qui, si on les laissait croître, étoufferaient les plantes utiles et qui, de plus, enlèveraient inutilement au sol de l'humidité et des engrais.

Dans les jardins, les sarclages sont favorisés par un bon arrosage préalable. Dans les champs, on choisit autant que possible le lendemain d'une pluie.

Pour arracher les chardons et les autres plantes à longues racines, on se sert d'un instrument spécial nommé *échardonnoir*. Ces plantes doivent être enlevées avec soin ; si on se borne à les couper, elles repoussent, et chaque pied forme une touffe.

99. Buttage. — Le buttage est l'opération qui consiste à entourer d'une petite butte de terre la partie inférieure de la tige de certaines plantes, afin de favoriser le développement de leurs racines, ou de les protéger contre les excès de sécheresse, ou d'humidité.

Le buttage s'exécute souvent en même temps que le binage, à l'aide de houes de diverses formes.

Dans la grande culture, et pour les plantes disposées en ligne, le buttage s'exécute d'une façon économique, à l'aide d'une petite charrue à deux versoirs, nommée *buttoir*.

CHAPITRE II

CÉRÉALES. — BLÉ

100. Céréales. — On appelle ainsi un groupe de plantes que l'on cultive en grand, pour faire servir leur grain ou leur farine à la nourriture de l'homme et des animaux domestiques.

Les céréales cultivées dans notre département sont principalement : le *blé* ou *froment*, le *seigle*, l'*orge*, l'*avoine* et le *sarrasin*.

101. Blé. — Le blé ou froment, dont il existe un très grand nombre d'espèces et de variétés, est la plus importante des céréales.

On classe les blés, d'après l'époque de leur ensemencement, en *blés d'automne*, appelés aussi *blés d'hiver*, qui se sèment en octobre ou en novembre, et en *blés de printemps* ou *blés de mars*, qui se sèment en mars ou en avril.

On classe aussi les froments en *blés durs* et en *blés tendres*; ces derniers sont les seuls dont la culture convienne à notre climat. D'après l'aspect de leur épi, on les classe encore en *blés sans barbe*, et en *blés barbus*. Ces derniers sont ainsi nommés à cause de l'*arête* ou *barbe* qui surmonte l'enveloppe du grain.

Le choix des espèces ou des variétés de blé les plus productives et les mieux appropriées au sol et au climat est de la plus haute importance : ce choix judicieusement fait, à la suite d'essais répétés en petit, permet presque toujours d'augmenter considérablement la valeur d'une récolte [1].

102. Sols et engrais qui conviennent au blé. —

En général dans notre pays, les terres fortes, pourvu qu'elles ne soient pas trop humides, conviennent mieux au blé que les terres légères.

Les terres argilo-siliceuses, contenant une quantité modérée de calcaire et conservant longtemps leur humidité, sont les plus favorables de toutes à la culture du froment.

Le blé enlève surtout au sol de l'azote, de l'acide phosphorique, de la potasse et de la silice. Cette dernière substance se trouve ordinairement dans la terre en quantité suffisante; les autres doivent lui être fournies par les engrais.

Le fumier de ferme, auquel on ajoute des cendres, des charrées, des phosphates, des râpures de cornes, des os pulvérisés, du guano, forme un excellent engrais pour le blé.

Il convient d'appliquer les fumures non au blé lui-même, mais *à la plante qui le précède dans l'assolement*. On sait, en effet, que les fumures fraîches, outre qu'elles favorisent la multiplication des mauvaises herbes, ont l'inconvénient grave de faire *verser* le blé, et de l'exposer à la *carie* et à la *rouille*.

Cependant, si la fumure a été insuffisante pour deux récoltes, il ne faut pas hésiter à fumer de nouveau pour la céréale.

103. Préparation du terrain. — Le blé exige un sol
parfaitement net de mauvaises herbes, et suffisamment ameubli. Pourtant, l'ameublissement ne doit ni être poussé à l'excès, ni

[1] Le docteur Sacc, *Chimie des végétaux*, p. 142.

résulter d'un labour trop récent; il faut que le sol soit un peu rassis, c'est-à-dire raffermi au moment des semailles.

104. Choix et préparation de la semence. — Il importe que les grains destinés à l'ensemencement ne soient ni ridés ni mal conformés; il faut de plus qu'ils proviennent de plantes vigoureuses et exemptes de maladies, et qu'ils aient été récoltés à maturité complète.

Certaines maladies du blé, la *carie* et le *charbon*, par exemple, se propagent au moyen de germes extrêmement petits, semblables à des poussières très fines, qui se fixent à la surface des graines. Pour détruire ces germes, on soumet le blé de semence à diverses préparations nommées *chaulage* et *sulfatage*.

105. Chaulage. — Pour chauler le blé de semence, on le fait tremper pendant quelques instants dans de l'eau contenant du *sulfate de soude*; on saupoudre ensuite les grains mouillés avec de la chaux éteinte en poudre.

Il faut environ par hectolitre de blé, 640 grammes de sulfate de soude, 8 à 9 litres d'eau, et 2 kilogrammes de chaux éteinte.

106. Sulfatage. — Le sulfatage, appelé aussi vitriolage, bien plus efficace que le chaulage, se pratique ordinairement en arrosant les semences avec de l'eau dans laquelle on a fait dissoudre du *sulfate de cuivre* (couperose bleue), à raison de 500 grammes pour 5 litres d'eau et 100 kilogrammes de grain. Il est nécessaire que les grains soient mouillés sur tous les points de leur surface. Il est bon de semer, pendant qu'il est encore humide, le blé ainsi préparé. On évite, avec soin, d'employer à l'alimentation de l'homme ou à celle des animaux ce qui pourrait rester de semence chaulée ou sulfatée.

107. Semailles. Quantité de semence. — Comme nous l'avons vu précédemment, les semailles se font à la volée ou à l'aide d'un semoir. Pour le blé surtout, ce dernier mode présente de nombreux avantages.

La quantité de semence à employer par hectare est très variable. Elle dépend surtout de la nature et de la richesse du sol, du mode et de l'époque du semis, de la grosseur des grains, et du *tallage* plus ou moins considérable des diverses variétés de blé. La moyenne, dans notre département, est de 180 à 200 litres environ [1].

Certaines variétés, comme le *blé de Saumur*, par exemple, tallent très peu ; il est indispensable d'employer plus de semence pour les blés qui tallent peu, que pour ceux qui tallent beaucoup.

Toutes choses égales d'ailleurs, les ensemencements hâtifs à l'automne exigent moins de semence que les ensemencements tardifs. Les blés semés tardivement sont en effet exposés à plus de causes de destruction.

Pour les blés de printemps, dont le tallage est très faible, il faut plus de semence que pour ceux d'automne.

108. Principaux soins à donner aux blés pendant leur végétation.

— Les principaux soins à donner aux blés pendant leur végétation, sont : les *hersages*, les *roulages*, et les *sarclages*.

Les hersages s'exécutent au commencement du printemps sur les blés d'automne, lorsque la terre est tassée, battue par les pluies : il doit être exécuté par un temps sec ; ce hersage favorise beaucoup le tallage du blé ; il a aussi pour effet de détruire une grande quantité de mauvaises herbes.

Les engrais mis sur les blés au moment des hersages (*engrais en couverture*) produisent généralement d'excellents effets, surtout pour ceux qui sont chétifs, ou qui ont souffert pendant la mauvaise saison.

On emploie, dans ce but, du fumier très consommé, ou un mélange d'engrais chimiques appropriés au sol ; un mélange en parties égales de sulfate d'ammoniaque et de superphosphate d'os, à la dose de 300 à 400 kilogrammes par hectare, convient dans la plupart des cas [2].

Les roulages se pratiquent dans les terres légères, qui ont été soulevées par les gelées : ils ont pour effet de *rechausser* les

---

[1] Lorsque les grains de blé sont de grosseur moyenne, comme dans le *blé blanc de Flandre*, par exemple, 180 litres suffisent pour fournir 400 grains environ par mètre carré (proportion de semence que l'on considère comme la plus avantageuse dans la plupart des cas). Pour fournir le même nombre de grains par mètre carré, il faudrait 348 litres de gros blé, dit de *Mongolie*, tandis qu'il ne faudrait que 86 litres de blé fin, tel que celui de *Marianopoli*.

[2] Voir expériences de M. de Kergorlay. *Bulletin des séances de la Société nationale d'Agriculture de France*, années 1871 et 1872.

pieds de blé, c'est-à-dire de recouvrir de terre les racines qui ont pu se trouver mises à nu pendant l'hiver.

109. Récolte du blé. — Dès que les grains de blé ont acquis tout leur volume, et assez de solidité pour ne plus être écrasés ou coupés facilement avec les doigts, on procède à la moisson. Le blé coupé est mis en javelles sur le sol où on le laisse pendant deux ou trois jours, afin de le faire bien sécher et de faner les herbes qu'il peut contenir, après quoi on le lie en gerbes et on l'engrange, ou on le met en meules.

Lorsque l'été est pluvieux, la récolte du blé devient extrêmement difficile, et il n'y a guère de moisson possible sans l'emploi des *moyettes*.

110. Moyettes. — On compte trois sortes de moyettes : les *dizeaux circulaires*, les *moyettes flamandes* ou *normandes* et les *moyettes picardes*.

« Les dizeaux circulaires, nommés aussi *gerberons* ou *rosettes*, « sont très faciles à établir. Dès que la mise en gerbes est pos-« sible, on dresse une gerbe sur le sol, et on l'entoure de six « ou huit gerbes, selon leur grosseur, en ayant soin d'éloigner « un peu leur partie inférieure du pied de la gerbe centrale. Il « est très utile que les gerbes ne soient pas très serrées, afin « que l'air puisse pénétrer dans l'intérieur de la moyette.

« Lorsque les gerbes ont été ainsi disposées, on couvre leurs « épis avec une forte gerbe ouverte en forme d'entonnoir et « renversée. Ce chapeau protège bien les gerbes contre la pluie, « et il permet au dizeau de résister aux vents violents. »

111. Moyettes flamandes. — La moyette flamande, ou *moyette normande*, s'exécute de la manière suivante :

« A mesure que le blé est coupé, et alors qu'il n'est pas « mouillé, on prend une quantité de tiges équivalant à cinq ou « six gerbes du poids moyen de 12 kilogrammes environ ; on « réunit ces tiges par un grand lien de paille, à 33 centimètres « environ au-dessous des épis, et on ouvre ensuite ce faisceau « par le bas, afin de lui donner du pied, et pour faciliter inté-« rieurement la circulation de l'air et la dessiccation des mau-« vaises herbes.

« Après avoir terminé ce gros faisceau, que l'on appelle

4.

« *poupée* ou *bonhomme*, on le couvre d'un chapeau formé de
« deux ou trois fortes brassées de tiges, liées le plus bas pos-
« sible.

« On doit profiter des intermittences de soleil et de pluie, si
« les tiges et les épis ne sont pas parfaitement secs, pour enle-
« ver le chapeau et aérer la gerbe qui repose sur le sol.

« Lorsque le moment est arrivé de procéder à la mise en
« gerbes, on enlève le chapeau, et on déplace successivement les
« javelles selon l'ordre suivi pour former la moyette. On doit,
« autant que possible, opérer par une belle journée [1] ».

112. Moyettes picardes. — Les moyettes picardes
sont formées de javelles placées horizontalement, de manière à
former un tas circulaire dont les pieds des tiges de blé occupent
le pourtour et dont les épis un peu relevés occupent le centre.
Le tas est recouvert d'une gerbe liée, comme pour la moyette
normande.

113. Avantages des moyettes. — Les moyettes, qui
n'exigent qu'un très faible excédent de main-d'œuvre, permettent au grain d'achever sa maturité, d'acquérir une plus
belle couleur, d'être mieux nourri, plus coulant à la main et
plus pesant. Elles sont avantageuses, même dans les années
sèches. Elles sont indispensables dans les années humides, pour
empêcher la perte de la totalité ou d'une partie des récoltes.

Les moyettes se font non-seulement pour le blé, mais encore
pour le seigle, l'orge et l'avoine ; on peut également faire sécher l'herbe des prairies, en la mettant sous forme de petites
moyettes.

**114. Battage, conservation et rendement du
blé.** — Le battage du blé s'exécute à peu près partout à l'aide
de *machines à battre*, mues soit par des chevaux, soit par la
vapeur. Le plus souvent, le grain sort des batteuses, vanné et
nettoyé. Dans le cas contraire, on le fait passer au *tarare*,
puis, après l'avoir fait sécher quelque temps au soleil, on le porte

---

[1] Voir *Instructions sur la récolte des céréales dans les années pluvieuses*, pu-
bliées en 1879, par le ministère de l'agriculture et du commerce.

au grenier, où l'on doit le déposer en couches peu épaisses, afin qu'il ne s'échauffe pas.

Il est nécessaire que le blé mis au grenier soit de temps à autre remué à la pelle, et passé au tarare. On doit veiller à ce qu'il ne soit ravagé ni par les petits rongeurs, ni par les insectes.

Le rendement du blé est très variable. Pour notre département, il est en moyenne de 18 hectolitres par hectare : ce rendement moyen est notablement dépassé sur quelques points, et pour la plupart des bonnes terres [1].

115. Principales machines employées dans la moisson. — Les principales machines employées dans la moisson des céréales sont : la *moissonneuse,* la *batteuse,* et le *tarare.*

La *moissonneuse* se compose ordinairement d'une sorte de

Fig. 5. Moissonneuse.

petit chariot muni de deux roues en fer. Ce chariot porte : 1° une scie horizontale destinée à couper le blé ; 2° un plan incliné sur lequel tombent les tiges coupées par la scie ; 3° un volant et des rateaux destinés à faire tomber ces tiges

[1] Le blé de Saumur, introduit dans quelques cantons du département, donne des produits considérables. Il en est de même du blé rouge d'Écosse, cultivé sur quelques points du Vexin.

sur le plan incliné, à en former des javelles, et à les déposer sur le sol.

Lorsque le chariot est en marche, il peut à l'aide d'une *chaine sans fin* et d'une *roue de transmission*, communiquer le mouvement aux autres pièces de la machine.

116. Batteuse. — Dans la machine à battre, les épis de blé sont soumis à l'action d'un cylindre muni de saillies, ou

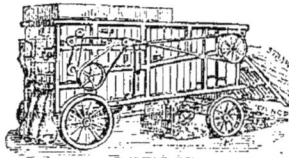

Fig. 6. Batteuse locomobile.

de barres de diverses formes, et animé d'un mouvement de rotation très rapide. Les épis se trouvent ainsi égrenés beaucoup mieux qu'ils ne le seraient au moyen du fléau.

117. Tarare. — Le tarare est un instrument qui fait à la fois les fonctions de van et de crible.

Dans cet instrument, un courant d'air, produit par le mouvement rapide d'un moulinet garni d'ailes ou de palettes, chasse les matières mêlées au grain : celui-ci est en même temps criblé par des grilles, et par des toiles métalliques.

CHAPITRE III

SEIGLE. — ORGE. — AVOINE. — SARRASIN.

118. Seigle. — Le seigle est une plante très rustique, qui a l'avantage de prospérer sur les sols pauvres, sur les terres sablonneuses, caillouteuses ou calcaires, impropres à la culture du froment : il exige seulement que le terrain soit convenablement fumé, et surtout parfaitement ameubli.

L'époque de la semaille du seigle est du commencement de septembre à mi-octobre; on répand par hectare environ 2 hectolitres de grain, que l'on enterre un peu moins profondément que le blé.

En général, la moisson du seigle se fait une quinzaine de jours avant celle du froment. Il importe que le seigle, après avoir été coupé, soit mis en moyettes, ou en grange à l'abri des pluies qui nuiraient beaucoup à la qualité du grain, et surtout à celle de la paille.

Le rendement du seigle, dans notre département, est en moyenne de 17 hectolitres de grain par hectare : le produit le plus important de la culture du seigle est souvent la paille, qui, est employée, comme on sait, à faire des liens pour les gerbes des autres céréales. La farine de seigle, mélangée à celle du froment, donne un pain de bonne qualité, très agréable au goût, et se conservant longtemps frais.

On cultive communément sous les noms de *méteil* et de *champart*, des mélanges de seigle et de froment. Les grains de ces céréales, récoltés ensemble, fournissent de très bon pain.

On cultive souvent le seigle, seul ou associé à d'autres plantes, dans le but de le couper en vert. On obtient ainsi un fourrage très précoce, très abondant, et d'excellente qualité.

Le seigle est sujet à une maladie caractérisée par la présence dans les épis, à la place des grains, de sortes de cornes noirâtres semblables aux ergots du coq. Ces corps noirs, nommés *ergots du seigle*, sont très vénéneux. Leur présence dans les farines peut causer des maladies graves.

119. Orge. — L'orge est une céréale à laquelle conviennent surtout les sols de consistance moyenne, argilo-sableux ou calcaires. Pour donner de bons produits, elle exige un terrain modérément sec, riche ou bien fumé, bien ameubli, bien nettoyé, et labouré profondément.

Il existe un grand nombre de variétés d'orge, qui se sèment les unes à l'automne, pendant la fin de septembre et le commencement d'octobre, les autres au printemps, dans la fin de mars ou dans le courant d'avril.

L'orge d'hiver ou escourgeon produit plus et est moins épuisante que celle de printemps; elle vient bien surtout après un colza, ou une récolte sarclée.

L'orge de printemps, que l'on cultive de préférence dans notre département, succède le plus souvent à une récolte de blé d'automne.

On prépare le sol par deux ou trois labours et autant de hersages ou de roulages. La quantité de semence employée est de 250 à 300 litres par hectare. On évite de herser l'orge en végétation; les jeunes plants seraient brisés par les dents de l'instrument. .

Le rendement moyen de l'orge dans le département est de 18 hectolitres de grain par hectare. Ce grain, moulu ou écrasé, forme une excellente nourriture pour les animaux; la paille d'orge est considérée généralement comme une des meilleures pour le bétail.

120. Avoine. — L'avoine est une céréale cultivée principalement pour ses grains qui sont une excellente nourriture pour les chevaux, pour les moutons et pour les volailles.

On cultive un assez grand nombre de variétés d'avoine, que l'on classe en *avoines d'hiver* et *avoines d'été*. Les premières se sèment vers la fin de septembre, les secondes en février, mars ou avril, selon l'état des terres. L'avoine d'hiver est plus productive que celle de printemps.

L'avoine, qui est la moins difficile de toutes les céréales, se plaît dans tous les terrains. Elle réussit bien surtout après une culture sarclée ou sur un défrichement de trèfle ou de luzerne.

Cultivée après une céréale d'automne, blé ou seigle, l'avoine ne donne en général que des produits chétifs, à moins que le sol ne soit très riche. Dans certains pays de culture avancée, on fume fortement cette céréale, et on la met avant le blé dans l'assolement.

La préparation du sol consiste communément en un seul labour, ou deux hersages; cependant, il est bien prouvé que deux ou même trois labours seraient très nécessaires et procureraient sur la récolte un accroissement considérable de produits et de bénéfices.

La quantité de semence employée varie de deux à trois ou même quatre hectolitres par hectare, selon la nature du sol et l'espèce d'avoine employée.

Lorsque les avoines ont pris deux feuilles, on leur applique un roulage pour briser les mottes, et un hersage pour ameublir le sol et détruire une partie des mauvaises herbes.

Les *avoines*, dans nos terrains calcaires principalement, sont souvent envahies par les chardons, qui occasionnent sur la récolte une perte énorme et qui, en répandant leurs graines, infectent toutes les terres voisines. Le temps passé à l'échardonnage de l'avoine serait certainement, dans bien des cas, *payé* plus de 30 centimes par heure.

121. Sarrasin. — Le sarrasin, ou blé noir, qui diffère beaucoup des autres céréales par son aspect, est peu cultivé dans le département de l'Eure, où il n'occupait que 360 hectares en 1875 et 86 hectares seulement en 1862.

Le sarrasin se plaît dans les terrains sablonneux et tourbeux secs et non calcaires, et dans les landes nouvellement défrichées, qui seraient peu favorables à la culture des autres céréales.

Les engrais énergiques et riches en acide phosphorique, tels que le guano, la poudrette, le noir animal et les phosphates, conviennent spécialement au sarrasin, qui a une végétation très prompte, et qui est très avide de phosphate.

Les terres destinées au sarrasin doivent être divisées par plusieurs labours, et parfaitement ameublies.

On cultive souvent le sarrasin pour l'employer comme fourrage hâtif ou comme engrais vert.

La quantité de semence employée par hectare est de 50 à 60 litres seulement, quand on cultive cette plante pour sa graine ; cette quantité doit être plus que doublée, lorsque l'on cultive le sarrasin comme fourrage, ou comme engrais vert.

La semence est répandue à la volée, et enterrée peu profondément : comme le sarrasin est très sensible aux gelées de printemps, la semaille ne doit avoir lieu qu'à la fin de mai, ou le commencement de juin.

Le rendement est très variable; il a été évalué, dans notre département, à 16 hectolitres et demi par hectare.

Les grains de sarrasin renferment une grande quantité de matières nutritives : aucune autre graine ne l'égale sous ce rapport. La paille de sarrasin est une des meilleures comme litière : elle vaut presque le double de celle du froment; on ne doit donc jamais la brûler. Les vannures, débris de fleurs et de feuilles du sarrasin équivalent pour le moins, dans l'alimentation des animaux, à leur poids de farine d'orge [1].

CHAPITRE IV

LÉGUMINEUSES A GRAINS FARINEUX

122. — Les plantes de ce groupe portent souvent le nom de légumes secs ; ce sont principalement : les féveroles, les haricots, les pois et les lentilles.

La culture de ces plantes occupe sur le sol de notre département une superficie de 18.000 hectares environ, et fournit des produits dont la valeur dépasse annuellement 3 millions de francs.

123. Féveroles. — On cultive dans les champs une variété de *fève* nommée féverolle, ou petite fève. Cette féverole, dont la graine est quelquefois désignée sous le nom de *gourgane*, est une plante extrêmement précieuse pour les terres argileuses un peu humides. Elle forme une excellente préparation pour la récolte qui doit la suivre, surtout pour le froment.

On sème les féveroles en février ou en mars, et même en avril, dans de bonnes terres, bien fumées, ayant reçu trois labours au moins : on emploie environ 2 hectolitres de semence par hectare.

Comme engrais, on applique du fumier consommé, auquel on associe des cendres, de la poudre d'os, du noir animal, des phosphates et du guano.

Pendant leur végétation, les féveroles doivent être sarclées et binées au moins deux fois ; il est bon aussi de les *écimer*, c'est-à-dire de couper le sommet des tiges au-dessus des fleurs, lorsque ces dernières commencent à s'épanouir.

Le rendement moyen des féveroles varie de 16 à 25 hectolitres par hectare.

---

[1] Voir Isidore Pierre. *Etudes théoriques et pratiques d'agronomie*, t. II, p. 24, 207 et suiv.

Les graines, qui ont une très haute valeur nutritive, constituent une excellente nourriture pour les chevaux. Ces mêmes graines, concassées ou trempées dans l'eau, sont très propres à l'engraissement des ruminants, ainsi qu'à celui des porcs, et des animaux de basse-cour.

Les tiges forment un fourrage très nutritif, que les animaux mangent avec plaisir.

124. Haricots. — On ne cultive en plein champ que certaines variétés naines ou *sans rames*. Ces plantes demandent un terrain substantiel, léger, frais, mais non humide : leur culture dans les champs est à peu près la même que dans les jardins (voir ci-après *culture maraîchère*).

Le rendement des haricots, en graines sèches, est de 25 à 30 hectolitres par hectare. Dans le voisinage des villes, les haricots sont ordinairement récoltés et vendus comme légumes verts : cette spéculation est généralement très lucrative.

125. Pois. — Le pois comestible cultivé dans les champs réussit surtout dans les terrains de consistance moyenne, qui contiennent à la fois de l'argile, du sable et du calcaire, et qui sont modérément humides. La culture des pois est à peu près la même dans les champs que dans les jardins. (Voir ci-après *culture maraîchère*).

Les fanes des pois constituent un bon fourrage, dont les animaux sont très friands. On cultive souvent, comme fourrage, le pois gris ou pois de brebis (gesse cultivée) qui fournit un aliment très nutritif pour les animaux, mais dont les fruits sont considérés comme un poison pour l'homme.

126. Lentilles. — Les lentilles se plaisent spécialement dans les terres sèches, perméables, sablonneuses, ou sablo-calcaires ; on les cultive soit pour en récolter les graines à maturité complète, soit pour en couper les fanes comme fourrage vert. Dans le premier cas, ces plantes ne doivent pas recevoir une trop forte fumure, qui exciterait une formation abondante de tiges et de feuilles, au détriment des fruits et des graines.

On sème les lentilles vers la fin de mars, en lignes ou à la volée, dans une terre bien ameublie, en employant 150 litres environ de graine par hectare : il est nécessaire que ces plantes

5

soient binées et sarclées au moins deux fois pendant leur végétation.

Le rendement moyen des lentilles dans le département de l'Eure, est évalué à 13 hectolitres par hectare. Les fanes sèches, très nutritives et très recherchées par les animaux, forment une partie importante de la récolte.

Coupées un peu après la floraison, les lentilles fournissent un fourrage d'excellente qualité, très substantiel, qui peut être consommé en vert, ou desséché et conservé.

CHAPITRE V

PLANTES CULTIVÉES POUR LEURS RACINES OU LEURS TUBERCULES

127. Betterave. — La culture de la betterave a pris dans notre département une extension considérable. Cette culture, qui n'occupait que 75 hectares en 1800, 549 hectares en 1852, s'étend aujourd'hui (d'après la dernière statistique), sur une surface de 7,100 hectares.

La betterave est peu délicate sur la nature du terrain, elle peut venir à peu près sur tous les sols, pourvu qu'ils aient une certaine profondeur et qu'ils aient été bien amendés et bien fumés; cependant, elle préfère les terrains argilo-siliceux, peu tenaces. Elle ne donne que de faibles produits dans les sols trop argileux, ou trop calcaires.

Il est nécessaire que le terrain destiné à la betterave soit labouré profondément [1], bien ameubli et fumé abondamment; cependant, la betterave à sucre ne doit recevoir qu'une fumure modérée.

Les fumiers à demi décomposés et les tourteaux sont les

---

[1] Des expériences récentes faites par M. Henri Vilmorin, ont fourni des résultats très intéressants pour l'agriculture; nous citerons seulement le suivant: un labour à 40 centimètres de profondeur a produit, par hectare, sur une récolte de betteraves, comparativement à un autre labour fait à 25 centimètres, un excédent de 12,000 kilogrammes environ de racines. L'excédent a été de 19,000 kilogrammes environ, pour un terrain défoncé à 50 centimètres (Voir *Annuaire de la Société des Agriculteurs de France*, 1879, p. 57.

meilleurs pour la betterave. On emploie aussi de la poudrette, du purin, et des engrais chimiques, riches en acide phosphorique, et en potasse : il importe que ces engrais chimiques soient enterrés au moins trois semaines avant l'ensemencement.

Les semis de betterave s'exécutent ordinairement vers la fin de mars ou le commencement d'avril ; ils se font à demeure, ou en pépinière. Ce dernier mode est seul usité dans les terrains qui se tassent, et durcissent à la suite des pluies.

Pour les semis à demeure, en lignes espacées de 50 à 60 centimètres, on emploie généralement par hectare 5 à 6 kilogrammes de graines : il faut environ 30 kilogrammes de semence, pour 1 hectare de pépinière.

Dès que les betteraves semées à demeure sortent de terre, on leur applique un binage que l'on réitère trois ou quatre semaines plus tard ; on profite de ce second binage pour supprimer des plants là où il y en a trop, et pour en mettre là où il n'y en a pas assez.

Quant aux betteraves semées en pépinière, on les repique en mai ou juin, lorsque le plant a la grosseur du petit doigt ; on espace ces plants de 45 à 50 centimètres les uns des autres dans tous les sens. Lorsque le terrain

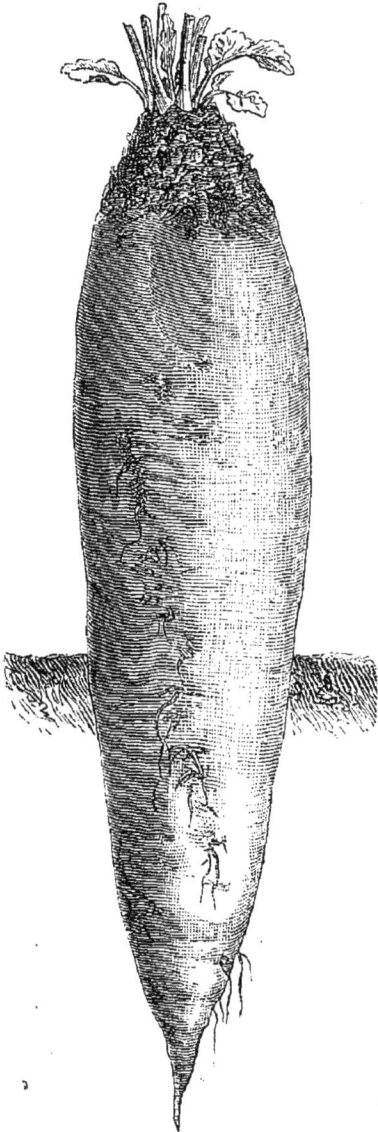

Fig. 7. Betterave disette d'Allemagne.

est très fertile, on espace souvent les lignes de 60 à 70 centimètres, et même plus, pour les variétés fourragères, qui sont
susceptibles d'acquérir un volume considérable.

Pour les betteraves à sucre, l'écartement le plus favorable à
la production de la matière sucrée, est de 20 centimètres d'une
racine à l'autre, avec une distance de 45 centimètres entre les
rangs (M. Vilmorin).

Il est presque toujours nécessaire de donner aux betteraves

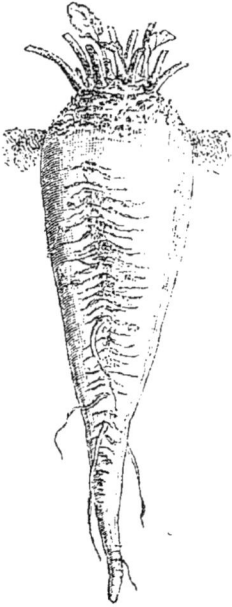

Fig. 8. Betterave blanche
à sucre améliorée, Vil-
morin.

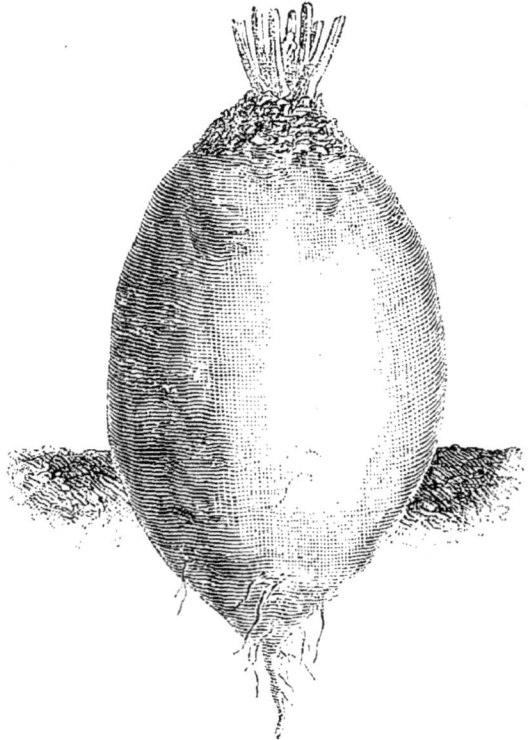

Fig. 9. Betterave jaune ovoïde Des Barres.

un troisième binage, qui s'exécute en juillet et août, lorsque
le terrain se durcit et se salit de nouveau.

On a trop souvent la mauvaise habitude d'effeuiller les
betteraves pendant leur végétation : cette pratique vicieuse

occasionne toujours sur la récolte une diminution considérable, pour la quantité comme pour la qualité.

On arrache les betteraves vers la fin d'octobre, et on les conserve à l'abri des gelées, en magasin ou en silos.

Le rendement moyen des betteraves, dans notre département, est évalué à 18,000 kilogrammes environ par hectare. Ce rendement s'élève jusqu'à 45 et 50,000 kilogrammes dans les bonnes terres.

L'emploi du purin, celui de l'engrais humain ou des eaux d'égout pour la betterave fourragère, permet souvent d'obtenir des rendements de 120 et même 140,000 kilogrammes de racines par hectare [1].

La culture de la betterave est considérée par les agronomes

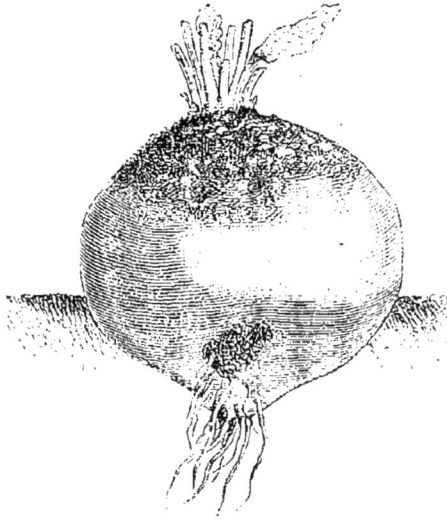

Fig. 10. Betterave jaune globe.

comme une des plus avantageuses à tous les points de vue : elle laisse le sol dans des conditions très favorables à une récolte de blé ; ses produits, feuilles, racines ou pulpes, fournissent une nourriture très abondante pour les animaux : « elle permet, selon l'expression de Mathieu de Dombasles, d'atteindre le

[1] Marié Davy. *Annuaire de l'observatoire de Montsouris*, 1881, p. 301 à 311.

double but vers lequel doit tendre toute culture bien dirigée : l'augmentation du bétail et celle de l'engrais. »

128. De la carotte. — La carotte forme une excellente nourriture pour les animaux; elle convient particulièrement aux chevaux et aux vaches laitières.

Cette plante se plaît dans les terres légères, sableuses, riches et profondes; elle réussit très bien dans les sols argilo-sableux ou argilo-calcaires, pourvu qu'ils soient profonds, propres, bien ameublis et bien fumés. Il importe d'appliquer à cette culture des engrais consommés et de les répandre le plus longtemps possible avant les semailles.

On sème les carottes vers la fin de mars, en rayons espacés de 40 à 50 centimètres; il faut de 4 à 5 kilogrammes de graine par hectare.

Lorsque les carottes, après avoir été sarclées et binées en temps opportun, ont acquis une certaine force, on les éclaircit à la main, de manière à les espacer de 15 à 20 centimètres; plus tard, on leur applique un nouveau binage.

On arrache ordinairement les carottes vers le 15 novembre; on en coupe les feuilles au niveau du collet, de manière à enlever une légère tranche de racine; on les serre à l'abri de la gelée, dans des caves, des celliers ou dans des fosses que l'on recouvre de terre.

Variétés recommandées : carotte rouge longue, car. rouge longue de Saint-Valery;

Fig. 11. Carotte blanche à collet vert.

129. Navet. — On cultive sous les noms de *navets*, de *raves*, de *turneps* et de *rutabagas* ou *choux navets*, un assez grand nombre de variétés de plantes qui fournissent une abondante nourriture aux animaux.

Ces plantes aiment une terre légère, un peu sèche, profonde, bien nettoyée et bien fumée, ainsi qu'une atmosphère humide et brumeuse.

La saison ordinaire de leurs semailles est du commencement de juin à la fin d'août.

Un des engrais les plus favorables aux navets est la *poudre d'os* et le *superphosphate de chaux*. On répand cet engrais, en même temps que la graine, à la dose de 300 à 500 kilogrammes par hectare.

Lorsque les navets ont cinq ou six feuilles, on les sarcle et on les éclaircit de manière à les espacer de 15 à 20 centimètres environ. Le semis en ligne favorise beaucoup ces opérations, ainsi que les binages très utiles à cette culture.

On cultive le plus souvent les navets en *récolte dérobée* à la suite d'un blé ou d'un seigle. Immédiatement après la moisson, la terre est déchaumée, labourée et fumée, puis semée en navets. Lorsque les plantes ont acquis leurs premières feuilles, on leur donne un sarclage qui suffit ordinairement dans la plupart des cas et termine les façons d'entretien.

Les agronomes estiment qu'il est plus avantageux dans notre climat de cultiver le navet en récolte dérobée qu'en récolte principale.

130. Choux navets, choux rutabagas. — Ces plantes se sèment en pépinière vers le mois de mars, ou en place, dans le courant de mai; elles ne sont pas aussi difficiles que les navets sur le choix du terrain ; de plus, elles sont très rustiques et résistent aux plus grands froids. La transplantation des choux navets et des rutabagas doit être faite par un temps un peu humide : autrement la reprise en est difficile.

131. Pomme de terre. — La pomme de terre, que l'on désigne souvent aussi sous le nom de *parmentière*, est originaire de l'Amérique méridionale. Elle réussit dans tous les terrains, pourvu qu'ils ne soient pas argileux, compacts et humides à l'excès; elle préfère cependant les terres argilo-sableuses profondes, légères et substantielles qui conservent suffisamment l'humidité.

Il faut que le terrain destiné à une plantation de pommes de terre soit parfaitement préparé et ameubli par des labours profonds. Après un labour de défoncement, la récolte peut être double de ce qu'elle serait après un labour superficiel.

On applique à la pomme de terre du fumier bien consommé, ou bien on fume le terrain en automne. On évite l'emploi de l'engrais frais, qui a pour effet d'exciter une végétation trop vigoureuse des feuilles, au détriment des tubercules, et qui

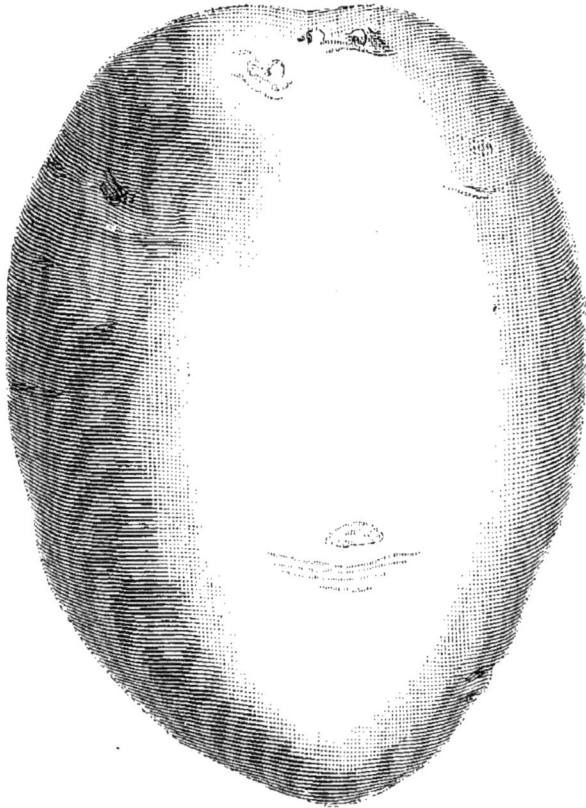

Fig. 12. Pomme de terre Marjolin têtard.

contribue aussi, paraît-il, à rendre plus fréquente l'altération, connue sous le nom de *maladie de la pomme de terre*. Les agronomes conseillent d'ajouter au fumier de ferme des engrais chimiques, riches en phosphates, en potasse et en sulfate de chaux.

On propage la pomme de terre en plantant des fragments de tubercules, ou mieux des tubercules entiers de moyenne grosseur, plutôt gros que petits. Des expériences nombreuses, en effet, ont prouvé que « la récolte est d'autant plus faible que les tubercules ou fragments de tubercules employés pour la propagation étaient plus petits[1]. »

Il importe que les tubercules destinés à la plantation soient conservés avec soin et que les premières pousses, qui sont les plus fertiles, ne soient pas brisées[2].

Pour atténuer les effets de la maladie de la pomme de terre, on conseille de planter de très bonne heure et de n'employer pour la plantation que des tubercules récoltés à maturité complète.

Les soins de culture nécessaires à la pomme de terre sont des sarclages, des binages et des buttages, exécutés en temps opportun. On doit se garder de couper les tiges ou les feuilles des pommes de terre en végétation; cet enlèvement prématuré diminue sensiblement la récolte.

Lorsque les pommes de terre sont mûres, on les arrache par un temps sec, et on les conserve à l'abri de la gelée, de l'humidité et de la lumière.

Le rendement de la pomme de terre est très variable ; il s'élève en moyenne dans notre département à 200 hectolitres de tubercules par hectare[3].

Variétés recommandées : Marjolin Tétard, Jaune de Brie, Magnum bonum[4].

132. Topinambour.

— Le topinambour, appelé aussi *poire de terre*, produit des tubercules qui ont quelque ressemblance avec ceux de la pomme de terre : cette plante fournit,

---

[1] Decaisne et Naudin. *Manuel de l'amateur des jardins*, t. IV p. 87.

[2] Une plantation faite avec des tubercules dont les yeux ou germes ont été en partie détachés peut donner jusqu'à 90 0/0 de perte. (MM. Decaisne et Naudin.)

[3] Un insecte, la *Doryphore* ou *Scarabée du Colorado*, qui dévore les feuilles de la pomme de terre et qui, s'il envahissait nos cultures, les anéantirait complètement, a été signalé récemment dans quelques pays voisins de la France. Une gravure coloriée et souvent un fac-simile représentant cet insecte à ses différents états se trouvent dans toutes nos écoles. Il est indispensable que chacun apprenne à le reconnaître, et s'empresse, le cas échéant, d'en signaler la présence.

(Voir Instruction publiée par le Ministre de l'agriculture en 1877 ; voir aussi le *Catalogue raisonné des animaux utiles et nuisibles* par M. Maurice Girard. IIᵉ partie, p. 77.)

[4] Nouvelle et bonne variété très productive.

par ses tubercules et par ses feuilles, une abondante nourriture pour les animaux.

Le topinambour offre l'avantage de végéter vigoureusement et de donner de bons produits, même dans les plus mauvais terrains. On le propage comme la pomme de terre, en plantant des tubercules de moyenne grosseur.

Cette plantation s'exécute vers le commencement de mai. Elle se fait en lignes distantes de 1 mètre environ, avec un espacement de 60 centimètres entre les pieds de topinambour sur la même ligne.

Les soins d'entretien consistent en sarclage, en binages et en buttages. On coupe ordinairement les tiges vers la fin de septembre; on les donne en vert aux animaux, ou bien on les fait sécher. Quant aux tubercules, ils peuvent passer l'hiver en terre et être arrachés au fur et à mesure des besoins.

Quelque soin qu'on apporte à l'arrachage des tubercules, il est difficile d'empêcher la reproduction du topinambour dans les cultures qui lui succèdent. Le mieux est de laisser cette plante en possession du même terrain jusqu'à ce qu'elle cesse d'y donner de bons produits. Lorsqu'on veut la détruire, on la fait pâturer par les vaches ou par les moutons.

Le topinambour ne résiste pas à deux fauchages de sa tige pendant la même année; on le détruit donc en semant une plante fourragère à plusieurs coupes dans le terrain qu'il a envahi.

CHAPITRE VI

PRAIRIES NATURELLES

133. — On donne généralement le nom de *prairie* aux terres couvertes de plantes herbacées propres à la nourriture des bestiaux.

Les prairies sont *naturelles* ou *artificielles*.

134. Prairies naturelles. — On appelle prairies naturelles ou *permanentes* celles dans lesquelles l'herbe, une fois semée, se reproduit d'elle-même. Les plantes qui composent ces prairies appartiennent, en grande partie, à la famille des *graminées*.

Les prairies naturelles peuvent se diviser en *prairies naturelles fauchables* et en *pâturages*. On nomme *herbages* les prairies fertiles, propres à l'engraissement du bétail.

Bien que l'herbe soit considérée comme un produit naturel et spontané du sol, les prairies ne peuvent conserver leur fertilité, se soutenir en rapport, qu'autant qu'elles reçoivent des matières fertilisantes et qu'elles sont l'objet de soins assidus.

L'engrais appliqué aux prairies naturelles est presque toujours celui qui est, comme on le dit vulgairement, *le mieux payé*, par la récolte.

Les composts, formés de chaux et de curures de fossés, les terreaux ramassés dans les cours, le fumier consommé, le purin additionné d'eau sont d'excellents engrais pour les prairies. La suie, les cendres lessivées ont la propriété de faire disparaître les mousses, les joncs et autres mauvaises herbes et d'activer puissamment la végétation des bonnes plantes.

Les irrigations sont de la plus grande utilité pour les prairies. L'eau, en effet, apporte au sol une quantité considérable de matières fertilisantes. Mais, l'excès d'eau est à éviter, car il favorise la croissance des carex ou laiches, des roseaux, des joncs et rend l'herbe grossière. C'est ce qui a lieu pour un grand nombre de nos prairies irriguées, « que l'on fait baigner trop abondamment et trop longtemps[1] ».

Toutes les plantes contenues dans les prairies naturelles ne sont pas également bonnes pour nourrir le bétail.

Quelques-unes, comme les *carex*, les *joncs*, les *prêles* sont très médiocres ou tout à fait mauvaises; d'autres, comme le *colchique*, si abondant dans la vallée de l'Iton, les *renoncules*, la *ciguë*, etc. sont extrêmement nuisibles et peuvent amener chez les animaux de graves accidents. Il est indispensable que toutes ces mauvaises plantes soient extirpées avec soin.

« Quand on a de mauvais prés, dit M. Victor Borie, il ne « faut pas hésiter à y mettre la charrue. On peut y cultiver sur

---

[1] *La Prime d'honneur dans l'Eure*, 1870. p. 17.

« un seul labour une avoine ou des pommes de terre, sauf
« plus tard à refaire le pré qu'on avait rompu [1]. »

La terre, sur laquelle on se propose de faire un pré, doit être
ameublie, fumée et purgée de mauvaises herbes, comme pour
une culture de céréales. On y sème ensuite, vers le mois de
septembre, un mélange de graines de bonnes plantes appropriées au sol et au climat [2].

Les soins d'entretien des prairies consistent à prévenir la sta-
gnation des eaux sur le sol, à extirper les mauvaises herbes,
à étendre les taupinières et à restituer au terrain les principes
fertilisants qu'il perd chaque année.

Les agronomes considèrent comme très avantageuse, la création de *prairies temporaires à base de graminées*. Ces prairies,
qui entrent dans un assolement régulier, ont une durée
variable de un an à quatre ou cinq ans [3].

135. Récolte et conservation des foins. — Le meilleur moment pour récolter les foins est celui où la majorité des
herbes qui composent la prairie est en fleurs.

« Si, dit M. Chevreul, l'on attendait la maturité des graines,
le foin serait d'une qualité tout à fait inférieure, par la raison
que la graine ne peut se former et atteindre la maturité qu'en
s'assimilant les principes les plus nourrissants qui étaient contenus dans tout le végétal. » Il est bon, ajoute l'illustre savant,
« de ne composer les prairies que de plantes dont la floraison
est simultanée [4]. » On sait aussi que les herbes coupées à maturité complète repoussent difficilement. Le fauchage se fait avec
la faux ordinaire ou avec des machines nommées *faucheuses*,
analogues aux moissonneuses.

Le fanage de l'herbe des prairies naturelles s'exécute à la
main ou, plus économiquement, à l'aide de machines spéciales
appelées *faneuses*.

---

[1] *Les Travaux des Champs*, p. 145.

[2] Pour la composition des prairies dans notre région, on consultera avec fruit
les ouvrages suivants : Isidore Pierre, *Céréales, fourrages et plantes industrielles*, p. 63 et suiv. ; Girardin et Dubreuil, *Traité d'agriculture*, t. II, p. 288
et suiv.

[3] Voir *Annuaire de la Société des Agriculteurs de France*, 1879, p. 59 à 73.

[4] *Journal de l'Agriculture*, 1872, t. I, p. 459.

Une méthode de fanage, pouvant rendre de grands services dans les années humides, consiste à relever les andains par poignées que l'on dresse les unes à côté des autres, comme on

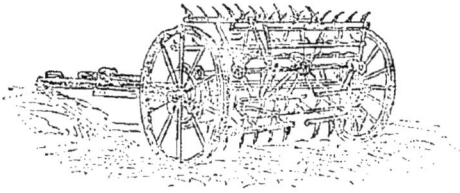

Fig. 13. Faneuse.

fait pour le lin. L'intérieur des poignées se trouve ainsi à l'abri de l'eau et se dessèche très bien malgré la pluie.

La dessiccation du foin ne doit pas être poussée trop loin ; il suffit que l'herbe soit assez sèche pour ne pas entrer en fermentation. On peut même conserver les fourrages un peu verts, en les stratifiant avec de la paille sèche ou en les arrosant avec une petite quantité d'eau très salée[1].

On conserve le foin en *meules* ou en *granges*.

Les meules doivent être construites avec soin, isolées du sol et munies d'une couverture en chaume. Sans ces précautions, le foin qui repose sur la terre ne tarde pas à pourrir, et les pluies, en lavant l'extérieur de la meule, enlèvent une grande quantité des sucs nutritifs contenus dans le fourrage.

Mis en grange sans être botelé, le foin doit être disposé par lits, bien divisé et tassé soigneusement.

Botelé ou non, le foin ne se conserve que difficilement au-delà d'une année. Pour le conserver plus longtemps, on le réduit, à l'aide de machines, en *balles comprimées*.

136. Herbages. — Les prairies destinées à servir de pâturages aux animaux et surtout aux vaches laitières doivent être l'objet de soins particuliers. On se figure trop souvent que ces prairies n'ont besoin de recevoir d'autres engrais que les excréments des animaux et les quelques mètres de fumier qu'on y répand.

[1] Léon Féret, *Le Pays normand*, 1865, p. 167.

Parmi les substances qui sont surtout nécessaires à ces herbages se trouve en première ligne le *phosphate de chaux* qui est, comme on l'a dit, « *le régulateur de la production et de la richesse du lait* [1]. »

Or, chaque hectolitre de lait, exporté de la ferme, enlève au sol de cette ferme une quantité de phosphate à peu près égale à celle que contiennent 1,430 grammes d'os environ. Si l'on ne rend pas au sol ce phosphate de chaux, l'herbage s'épuise nécessairement ; les vaches qui y pâturent ne peuvent donner qu'une petite quantité de lait, lequel d'ailleurs est toujours très pauvre en beurre et en fromage.

Il a été reconnu que les herbages produisant le meilleur beurre renferment deux tiers de *graminées* et un tiers environ de *légumineuses*, principalement de trèfle, de minette et de lotier corniculé.

CHAPITRE VII

PRAIRIES ARTIFICIELLES ET DIVERS FOURRAGES

137. — Les prairies artificielles, ou prairies temporaires, sont celles que l'on obtient en semant, pour un temps limité, sur des terres labourables, certaines plantes destinées à être fauchées ou à être pâturées sur place.

Les plantes qui composent ces prairies appartiennent à peu près exclusivement à la *famille* dite des *légumineuses* ou *papilionacées*. Les principales sont la *luzerne*, le *sainfoin*, le *trèfle*, et la *lupuline*. Elles ont presque toutes de longues racines, qui vont chercher profondément dans le sol les aliments qui leur sont nécessaires.

Les divers débris qu'elles laissent sur le sol enrichissent donc la partie superficielle de la couche arable, aux dépens des couches plus profondes ; elles forment ainsi une sorte de fumure pour les plantes à racines courtes ou fibreuses, qui leur succèdent sur le même terrain : c'est surtout pour cette raison qu'on

---

[1] Gustave Robert. *Rapport au Concours de Neufchâtel en* 1880.

les nomme plantes *améliorantes*, bien qu'elles épuisent le sol à leur manière, et qu'elles ne puissent se dispenser de l'emploi des engrais.

Il faut, pour les prairies artificielles, pour la luzerne et le sainfoin principalement, une terre profonde, bien ameublie et bien fumée. La semaille se fait ordinairement dans une céréale, qui procure un abri aux jeunes plantes, tout en utilisant le sol.

On doit éviter, pendant l'année du semis, de faire pâturer les animaux sur les prairies artificielles; privées de leurs feuilles au moment où elles en ont le plus besoin pour prendre de la force, les jeunes plantes deviennent impropres à donner plus tard de bons produits.

La végétation des plantes fourragères *légumineuses* est, comme nous l'avons déjà vu, puissamment activée par l'emploi du plâtre.

On coupe les fourrages artificiels destinés à être séchés lorsque les plantes qui les composent commencent à fleurir.

Le fanage des plantes légumineuses telles que la luzerne, le trèfle, etc., exige certaines précautions. Les feuilles de ces plantes, qui forment la partie la plus importante du fourrage, deviennent très cassantes lorsqu'elles sont exposées à un soleil ardent. Pour en éviter la perte, il importe de ne pas éparpiller sur le sol et de ne pas secouer fortement la plante que l'on fane; il faut seulement la mettre en petits tas, et soulever ceux-ci légèrement avec la fourche.

On peut aussi sécher le fourrage, sans presque le faner. Pour cela on le dispose, dès qu'il est coupé, en petites moyettes du poids de 10 à 15 kilogrammes. Ces moyettes, analogues à celles que l'on fait pour le sarrasin, sont dressées sur le sol et liées légèrement, au sommet: le fourrage ainsi disposé sèche parfaitement sans qu'il soit nécessaire de le faner. Ce mode de dessiccation, usité sur plusieurs points de notre département, peut rendre de réels services, surtout dans les années pluvieuses.

138. Luzerne. — La luzerne se plaît dans une terre profonde, saine, perméable, reposant sur un sous-sol également perméable:

Les terres compactes, humides ou marécageuses ne conviennent pas à la luzerne.

On sème ordinairement ce fourrage dans la céréale qui suit une récolte sarclée, ayant reçu une abondante fumure ; l'ensemencement, qui se fait dans la fin de mars ou dans le courant d'avril, exige de 20 à 25 kilogrammes de graine par hectare.

La durée d'une luzernière, dans notre département, varie de cinq à dix ans ; pour prolonger cette durée, il est avantageux d'y appliquer au commencement de chaque printemps, à partir de la troisième année, un engrais liquide ou du fumier de ferme très consommé et exempt de graines de mauvaises herbes.

Lorsque la luzernière commence à se gazonner, on lui applique, à la fin de l'hiver, des hersages énergiques dont l'effet est de la débarrasser des mauvaises herbes qui l'étouffent et en abrègent beaucoup la durée.

139. Lupuline. — La lupuline ou minette est une espèce de luzerne qui présente l'avantage de prospérer dans les mauvaises terres et de fournir, pendant deux ans, un fourrage précoce ou un excellent pâturage.

On sème la lupuline du mois de mars ou d'avril, dans une céréale de printemps ; il faut environ 20 kilogrammes de graine par hectare.

140. Sainfoin. — Le sainfoin, connu plus souvent dans notre département sous le nom de *bourgogne*, est un excellent fourrage, qui possède la faculté précieuse de prospérer dans les terrains très médiocres, pourvu qu'ils ne soient ni compacts ni marécageux.

Les terrains calcaires, graveleux ou pierreux sont spécialement propres à la culture du sainfoin.

On sème le sainfoin, au printemps, dans la proportion de 5 à 6 hectolitres par hectare, en employant toujours des graines de la dernière récolte.

Il existe des variétés de sainfoin qui ne fournissent qu'une coupe par an ; d'autres fournissent deux coupes. On cultive de préférence ces dernières variétés.

141. Trèfle. — On cultive communément dans notre région

le *trèfle commun,* ou *trèfle rouge,* et le *trèfle incarnat,* appelé aussi *farouch* ou *farouche.*

Le trèfle rouge aime les terrains frais et profonds dans lesquels l'argile n'est pas en excès, et qui contiennent un peu de calcaire. On le sème au printemps, dans une céréale, en employant le plus souvent de 15 à 20 kilogrammes de graine par hectare.

Dans les terres très riches, on ne met que 5 à 6 kilogrammes de graine par hectare; dans les terres pauvres, au contraire, on porte souvent la dose jusqu'à 30 kilogrammes.

Le trèfle commun donne ordinairement de bons produits pendant les deux années qui suivent le semis. On augmente considérablement ce produit en répandant au printemps sur la prairie du purin, des cendres, de la suie et surtout du plâtre en poudre.

142. Trèfle incarnat. — Le trèfle incarnat réussit dans presque tous les terrains, pourvu qu'ils ne soient pas argileux et humides à l'excès. Un sol léger, sablonneux et un peu calcaire lui convient particulièrement.

On le sème en août ou en septembre après un labour superficiel et un hersage sur le chaume d'une céréale : on peut ordinairement le couper ou le faire pâturer vers la fin du mois d'avril ; on obtient ainsi un fourrage très hâtif et très abondant : de plus, le terrain reste libre

Fig. 11. Trèfle incarnat hâtif.

pour une plantation de pommes de terre ou de betteraves ou même pour une culture d'orge ou de sarrasin. Quelquefois aussi, on sème le trèfle incarnat a'u printemps pour le récolter à l'automne.

La quantité de semence employée par hectare est ordinairement de 30 kilogrammes de graine nue ou de 100 kilogrammes de graine non retirée de son enveloppe.

Comme nous l'avons déjà vu ci-dessus, le trèfle incarnat peut occuper dans les assolements une place très importante. Il fournit le moyen de tirer bon parti des terres sablonneuses, brûlantes, et il permet dans tous les cas, de parer, dans une certaine mesure, à l'insuffisance des autres fourrages.

143. Maïs. — Le maïs, qui, dans notre climat, ne recevrait pas assez de chaleur pour bien mûrir ses graines, peut fournir

Fig. 15. Trèfle incarnat tardif.

Fig. 16. Maïs géant caragua.

« une abondance de meilleur fourrage vert qui existe [1] », fourrage précieux surtout pour la nourriture des vaches laitières,
des bœufs de travail et même des chevaux.

Un sol profond, sablo-argileux, un peu calcaire, riche en
vieux terreau et bien ameubli, est celui qui convient le mieux

[1] Vilmorin, *Le Bon Jardinier*, p. 673.

au maïs : cette plante réussit bien aussi dans les terrains argileux, pourvu qu'ils soient bien divisés et bien fumés.

On sème le maïs-fourrage de quinzaine en quinzaine, depuis le mois de mai jusqu'au commencement de juillet, afin que la récolte puisse se prolonger pendant plusieurs mois. La quantité de semence nécessaire par hectare est de 85 kilogrammes, pour les semis en lignes, et de 160 kilogrammes environ pour les semis à la volée.

On commence à couper le maïs-fourrage lorsque les fleurs apparaissent au sommet des tiges, et l'on continue jusqu'à la pleine floraison, point qu'il faut faire en sorte de ne pas dépasser, car la plante deviendrait trop dure pour être mangée tout entière par les animaux. Si l'on obtenait trop de fourrage vert on pourrait faire sécher l'excédent, qui serait une très bonne nourriture pour l'hiver.

Le maïs vert, haché, peut être conservé en *silos*, et offrir une précieuse ressource pour la mauvaise saison [1].

144. Autres plantes fourragères. — Outre les plantes fourragères indiquées ci-dessus, on peut encore citer :

Le *chou branchu du Poitou* et le *chou cavalier*, appelé aussi *chou à vaches*, auxquels conviennent surtout les terrains modérément argileux, bien fumés et bien défoncés ;

La *moutarde blanche*, appelée aussi *herbe à beurre*, qui se sème en août, après un simple déchaumage à l'extirpateur ou à la herse, et qui fournit avant l'hiver un très bon fourrage vert ;

Le *ray-grass*, fourrage très précoce, qui se plaît surtout dans les terrains un peu humides, et auquel les engrais liquides sont particulièrement favorables ;

Les *vesces*, qui sont propres surtout aux terrains argilo-siliceux, et qu'on sème à l'automne ou au printemps avec un peu de seigle, pour les couper au moment où elles fleurissent ;

La *spergule* des champs ou *spargoute*, qui convient surtout aux sables frais et qui fournit un fourrage vert, très hâtif, d'une

---

[1] Voir *Bulletin des séances de la Société nationale d'Agriculture de France*, année 1875, le rapport de M. Bella sur l'ensilage du maïs-fourrage, d'après les procédés de M. Goffart.

Fig. 17. Choux branchu duPoitou.

grande valeur nutritive. Les vaches nourries avec ce fourrage, donnent un beurre de qualité supérieure, nommé beurre
de spergule. Cette plante, semée vers le 15 mars, atteint tout
son développement au bout de cinquante jours environ, et
peut être coupée par conséquent dans les premiers jours de mai.

On emploie ordinairement 15 kilog. de graine par hectare [1].

On pourrait utiliser les terres sablonneuses très sèches, en y
cultivant de la *serradelle* qui, semée au mois de mai, à raison
de 25 kilogrammes de graines par hectare, peut donner un bon
fourrage à la fin du mois de septembre.

Les terrains crayeux les plus pauvres, peuvent aussi être mis

[1] Voir *Recueil des travaux de la Société d'Agriculture de l'Eure*, 2ᵉ série,
t. IV, p. 140.

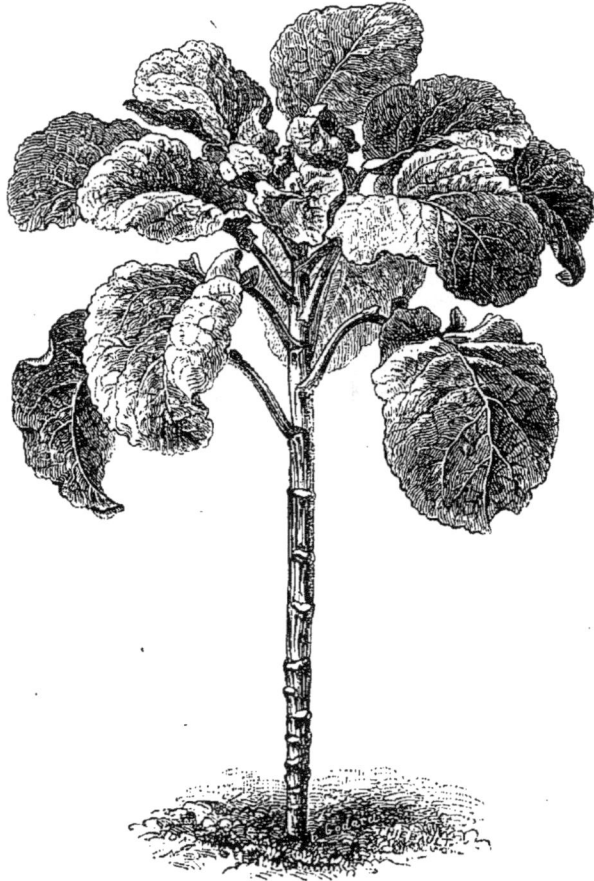

Fig. 18. Chou cavalier.

en valeur au moyen d'une plante appelée *pimprenelle* que l'on y rencontre d'ailleurs à l'état sauvage ; semée en mars, à raison de 30 kilogrammes de graines environ par hectare, elle forme d'excellents pâturages d'hiver pour les moutons.

145. Fourrages mélangés. — Au lieu de semer séparément les diverses espèces de plantes fourragères, on peut les associer de manière à obtenir les mélanges désignés dans notre département, sous les noms de *bisaille*, d'*hivernage*, de *mêlée*, de *dragée*, etc.

Il est bon d'associer dans ces mélanges des plantes à croissance rapide qui n'épuisent pas le sol de la même façon. Comme exemples, nous citerons les suivants, que l'on peut semer jusqu'à la fin du mois de juin :

1. — Sarrasin, 35 kilogrammes ; maïs jaune gros, 25 kilogrammes ; pois gris de printemps, 25 kilogrammes ; alpiste, 7 kilogrammes ; moha de Hongrie ou millet gris, 7 kilogrammes.

2. — Sarrasin, 25 kilogrammes ; vesce de printemps, 25 kilogrammes ; maïs jaune gros, 15 kilogrammes ; moutarde blanche, 10 kilogrammes ; moha de Hongrie ou millet gris, 7 kilogrammes.

3. — Pois gris de printemps, 25 kilogrammes ; vesce de printemps, 25 kilogrammes ; moutarde blanche, 10 kilogrammes ; millet blanc, 5 kilogrammes ; spergule, 5 kilogrammes.

4. — Pois gris de printemps, 25 kilogrammes ; vesce de printemps, 25 kilogrammes ; moha de Hongrie ou millet gris, 10 kilogrammes ; millet blanc, 5 kilogrammes ; alpiste, 5 kilogrammes [1].

Ces mélanges peuvent surtout rendre de grands services dans les années sèches.

Il importe non seulement de favoriser le plus possible la production fourragère, mais encore d'utiliser pour l'alimentation des animaux, un assez grand nombre de plantes qui nuisent trop souvent à nos végétaux cultivés. Parmi ces plantes, on peut citer : le chardon, l'ortie, le gui et le lierre, qui ont toutes une grande valeur nutritive et dont la destruction et l'emploi comme fourrages, procurent un double avantage.

CHAPITRE VIII

PLANTES INDUSTRIELLES

146. — Les plantes industrielles sont celles dont les produits sont principalement employés comme *matières premières* dans les arts et dans l'industrie.

[1] M. Vilmorin. Les quantités indiquées sont calculées pour 1 hectare.

Ces plantes sont dites *oléagineuses* ou *oléifères*, lorsque leurs semences fournissent une huile grasse; exemple : le colza, le lin, le pavot, etc.; *textiles,* lorsqu'elles fournissent des fibres dont on fait des tissus, le chanvre et le lin, par exemple; *tinctoriales,* lorsqu'elles fournissent des matières colorantes employées dans l'art de la teinture.

La betterave à sucre, le tabac, la cardère, les plantes médicinales sont également considérées comme plantes industrielles.

147. Colza. — Le colza est une variété de chou champêtre dont les graines fournissent une huile employée surtout pour l'éclairage.

Cette plante exige une terre bien ameublie et fortement fumée; elle se plaît surtout dans les terres fraîches, bien qu'elle puisse donner d'excellents produits dans les sols médiocres, pourvu qu'ils soient bien assainis et que l'eau n'y séjourne pas pendant l'hiver.

On distingue deux variétés principales de colza : le *colza d'hiver* à fleurs jaunes, et le *colza de printemps* à fleurs blanches.

Le colza d'hiver, beaucoup plus productif que celui du printemps, se sème, de la fin de juin au commencement d'août, en place ou en pépinière. On emploie par hectare de 3 à 4 kilogrammes de graines, lorsque le semis est fait à la volée, et 2 kilogrammes seulement, lorsqu'il est exécuté à l'aide d'un semoir mécanique. On éclaircit les plants et on les bine vers la fin de septembre ou le commencement d'octobre.

Le semis en pépinière s'exécute pendant le mois de juillet, dans un terrain parfaitement fumé; le repiquage se fait en octobre, au plantoir ou à la charrue, en lignes distantes de 40 à 50 centimètres; l'espacement des pieds de colza, sur les lignes, varie de 20 à 35 centimètres; il doit être d'autant plus grand que le terrain est plus fertile. Un hectare de pépinière peut donner du plant pour 3 ou 4 hectares.

Pour le colza de printemps, le semis se fait à demeure, dans le courant de mai; on emploie par hectare de 5 à 6 kilogrammes de graines environ.

Les soins à donner au colza pendant sa végétation, sont des sarclages et des binages; un buttage exécuté vers le mois de mai est très utile.

On coupe le colza quelques jours avant sa maturité complète;

il est nécessaire de profiter, pour faire cette opération, de la fraîcheur du matin ou de celle du soir, afin d'éviter la perte des graines, qui s'échappent facilement des siliques, lorsque celles-ci sont exposées au soleil.

Le rendement du colza d'hiver, dans le département de l'Eure, est de 18 hectolitres en moyenne, par hectare.

Les tourteaux de colza servent à l'alimentation des animaux de l'espèce bovine ou sont employés comme engrais. Les siliques, mêlées à des betteraves divisées ou cuites, forment un excellent fourrage. Ces siliques équivalent presque à leur poids de bon foin [1].

Les tiges et les pieds du colza, que l'on ne devrait jamais brûler, ont, comme engrais, une valeur supérieure à celle du fumier de ferme.

148. Lin. — Le lin, que l'on cultive à la fois comme plante textile et comme plante oléagineuse, exige, pour bien prospérer, une bonne terre, de consistance moyenne, sablo-argileuse, bien nettoyée et préparée par plusieurs labours.

Au lieu d'appliquer au lin une fumure directe, on le fait succéder à une récolte sarclée fortement fumée, à une vieille prairie artificielle ou encore à une avoine venue après une récolte de pommes de terre.

Deux variétés de lin sont cultivées dans notre département : le lin d'hiver, qu'on sème en octobre et en novembre, et le lin d'été, dont les semailles se font vers la fin de mars, ou le commencement d'avril. La quantité de semence employée, est de 28 kilogrammes environ, par hectare, lorsque l'on cultive le lin spécialement pour ses graines ; il en faut 120 kilogrammes et même plus, lorsque l'on veut obtenir une filasse très fine.

Les soins d'entretien se bornent à des sarclages, qui doivent être, au besoin, répétés plusieurs fois.

On récolte le lin dès que la graine est formée dans les capsules, lorsque l'on veut obtenir une filasse de choix ; on attend

---

[1] Isidore Pierre. *Etudes théoriques et pratiques d'Agronomie*, t. IV, p. 74 et suivantes.

M. Moll a qualifié de « barbare » la coutume trop répandue encore dans notre département de brûler la paille et les siliques de colza, soit sur le champ même, soit pour chauffer le four.

au contraire que les graines soient bien mûres, lorsque l'on veut obtenir une bonne semence.

On arrache le lin par poignées, et on en fait de petites bottes qu'on laisse sécher quelques jours ; puis on procède à l'égrenage ; après quoi, on fait *rouir* les tiges, en les laissant séjourner quelque temps dans l'eau, ou en les laissant sur l'herbe pendant plusieurs semaines. Quelques agronomes conseillent de commencer le rouissage à l'eau, et de le finir à la rosée.

Lorsque les tiges se brisent facilement et que les fibres de l'écorce s'en détachent bien, on les fait sécher, puis on en extrait la filasse.

La culture du lin, dans le département de l'Eure, occupe une superficie de 3000 hectares environ et fournit un produit annuel évalué à 4 millions de francs.

149. Chanvre. — Le chanvre qui, comme le lin, est à la fois une plante textile et oléagineuse, n'est cultivé dans notre département, que sur une superficie de 24 hectares.

Cette plante exige une excellente terre, un peu fraîche, fortement fumée et bien ameublie par plusieurs labours.

On sème le chanvre à la volée, en employant 140 litres environ de graine par hectare, lorsque l'on veut obtenir une filasse forte, et 250 litres environ, lorsque l'on veut obtenir une filasse fine.

La récolte se fait vers le commencement d'août, pour les pieds mâles ou sans graines, et environ six semaines plus tard pour les pieds femelles, c'est-à-dire pour ceux qui fournissent la graine.

Le rouissage du chanvre se fait comme celui du lin.

150. — Outre la betterave à sucre et les autres plantes industrielles indiquées ci-dessus, on cultive encore sur quelques points du département :

La *cardère* ou *chardon à foulon*, qui exige des soins minutieux, mais qui donne un produit d'une valeur considérable.

La *gaude*, plante tinctoriale, dont la tige et les feuilles fournissent une belle couleur jaune très solide.

La *cameline* et la *navette*, plantes oléagineuses qui occupent ensemble dans le département une superficie de 30 hectares environ.

CHAPITRE IX

PLANTES ET ANIMAUX NUISIBLES AUX RÉCOLTES

§ Ier. — *Plantes nuisibles.*

151. — Parmi les plantes nuisibles aux récoltes, les unes comme le chiendent, l'avoine à chapelets, le chardon, etc., envahissent le sol, l'épuisent, gênent ou étouffent les plantes cultivées; d'autres, comme la cuscute, le gui, les lichens, vivent en parasites sur nos végétaux utiles. Enfin, un grand nombre de maladies de nos plantes cultivées, le charbon et la carie des céréales, l'oïdium de la vigne, par exemple, sont occasionnées par des champignons parasites, extrêmement petits, qui désorganisent les parties du végétal sur lesquelles ils vivent.

152. Chiendent. — Le chiendent se propage avec rapidité par ses racines qui courent sous terre. Pour le détruire, il est bon de laisser en jachère le terrain qui en est envahi, de le labourer par un temps sec et de donner au bout de quelques semaines un hersage énergique. Ce hersage ramène les racines du chiendent à la surface du sol où elles meurent. On renouvelle cette opération autant de fois que cela est nécessaire. La herse réunit les racines que l'on ramasse pour les brûler, ou mieux pour les mêler avec de la chaux.

153. Avoine à chapelets. — L'avoine à chapelets se multiplie par ses racines et par ses graines. On la détruit, comme le chiendent, en labourant et en hersant le sol par un temps sec. Il est surtout indispensable de couper les tiges de cette avoine avant la maturité des graines.

154. Chardon. — Le chardon, trop commun dans nos terres calcaires, se multiplie par ses nombreuses graines aigrettées que le vent peut transporter à une très grande distance.

Il est nécessaire d'arracher avec soin les chardons qui ont levé dans nos cultures; il importe aussi de couper, avant leur floraison, ceux qui se trouvent sur la lisière des bois et des champs, sur les haies et sur le bord des chemins.

Le laiteron des champs, le pissenlit et quelques autres plantes nuisibles se propagent comme les chardons, au moyen de leurs graines munies d'aigrettes. On doit donc arracher ces herbes avant la formation de leurs graines.

Les cultures sarclées, faites avec soin, amènent la destruction de toutes les herbes nuisibles que peut contenir le sol.

155. Cuscute. — La cuscute, appelée quelquefois *teigne*, *tignasse*, *cheveux du diable*, se présente sous la forme de filets blanchâtres ou rosés, qui portent de petits paquets de fleurs roses et qui s'enlacent autour des tiges de la luzerne, du trèfle et de quelques autres plantes, aux dépens desquelles elle se nourrit, et qu'elle finit par étouffer. Elle envahit et détruit promptement un champ tout entier.

La cuscute se reproduit par ses filaments, et par ses graines qui se trouvent souvent mêlées à celle du trèfle et de la luzerne.

Il importe donc de ne récolter les graines de trèfle et de luzerne, que sur des plantes exemptes de cuscute, et de nettoyer minutieusement les semences que l'on achète sur les marchés.

On peut détruire la cuscute sur les luzernes et les trèfles qu'elle a envahis, en fauchant fréquemment les parties infestées et en enlevant avec soin le fourrage coupé. On peut aussi écobuer le terrain et répandre, sur l'emplacement, de la suie, du purin d'écurie ou de la colombine réduite en poudre.

156. Carie. — Dans la carie, les graines des céréales sont envahies par une poussière fétide, jaunâtre ou brune. Cette poussière reste enfermée dans les grains, qui sont seulement un peu déformés à l'extérieur; elle devient libre au moment du battage, lorsque les enveloppes qui renferment les poussières se trouvent brisées. « Cette poussière s'attache essentiellement aux grains sains qui porteront avec eux le germe de l'infection des récoltes prochaines [1] ».

[1] Voir *Bulletin des séances de la Société nationale d'Agriculture de France*, 24 août 1872, et *Journal de l'agriculture*, 1872, t. IV, p. 125, de M. Duchartre,

On combat la carie du blé par le chaulage ou mieux par le sulfatage[1].

157. Charbon. — Dans le charbon, les grains des céréales sont remplacées dans l'épi, par un amas de poussière noire qui tombe sur le sol et sur les plantes voisines.

Pour empêcher la propagation du charbon, il faut éviter l'emploi, comme litière, de la paille des blés charbonnés et, de plus, avoir soin de ne pas faire revenir trop fréquemment les céréales sur le même sol. Le sulfatage des semences est également très utile.

158. Rouille. — Les céréales, le blé principalement, sont fréquemment atteintes d'une maladie connue sous le nom de *rouille* et caractérisée par la présence, sur les feuilles des plantes, de taches poudreuses, brunes ou jaunes, produites également par un petit champignon parasite.

Des découvertes récentes ont prouvé que la rouille, contre laquelle on ne connaît pas encore de remède, peut être causée par le voisinage d'une plante nommée *épine-vinette*[2].

§ II. — *Animaux utiles et nuisibles aux récoltes.*

159. — On doit considérer comme animaux utiles, non seulement ceux qui nous rendent des services sans nous causer aucun dommage, mais encore ceux dont les services surpassent les ravages qu'ils peuvent exercer momentanément[3]. Dans le cas contraire, les animaux sont nuisibles.

Parmi ces derniers, se rangent ceux qui dévastent nos récoltes, et ceux qui dévorent les animaux utiles.

Les plus terribles ennemis de l'agriculture, ceux qui, en rai-

---

sur les causes de la carie et du charbon du blé, et le moyen de combattre ces maladies.

[1] Voir *Bulletin des séances de la Société nationale d'Agriculture de France*, 21 janvier 1852 et 21 août 1872.

[2] Voir *Rapport sur les progrès de la botanique phytographique*, par A. Brongniart, p. 96 et suivantes; — *Bulletin de la Société centrale d'Horticulture*, 1865 et suivantes; — *Bulletin de la Société botanique de France*, t. XVI, p. 214.

[3] L'abbé Vincelot. *Les noms des oiseaux expliqués par leurs noms.*

son de leur prodigieuse multiplication, deviennent un véritable fléau, sont les petits animaux que l'on confond sous le nom d'*insectes*, de *vermine* et de *verminier*.

Les plus utiles sont ceux qui, comme l'hirondelle, les martinets, les mésanges et presque tous les oiseaux, ainsi que certains autres animaux, tels que la *chauve-souris*, la *taupe*, le *hérisson*, la *musaraigne*, le *crapaud*, les *salamandres*, les *lézards*, etc., se nourrissent d'insectes et de limaces.

Parmi les insectes mêmes, quelques-uns, tels que les *cicendèles*, les *carabes*, les *coccinelles*, les *libellules*, les *ichneumons*, les *araignées*, etc., nous rendent d'immenses services, en détruisant d'autres insectes qui vivent aux dépens de nos récoltes. Il est donc indispensable que chacun de nous apprenne à distinguer les animaux utiles des animaux nuisibles[1].

Il importe surtout de protéger les oiseaux, ces précieux auxiliaires de l'agriculture, sans lesquels, comme on l'a dit, « l'homme ne pourrait vivre. » Les oiseaux seuls, en effet, peuvent combattre cette légion toujours croissante de ravageurs, contre lesquels l'homme est trop souvent impuissant[2].

Si les oiseaux insectivores étaient partout respectés, si leurs œufs n'étaient jamais enlevés ni détruits, nous verrions « en « peu d'années, disparaître ces myriades d'insectes qui anéan- « tissent tant de récoltes et parfois ne laissent pas une feuille « intacte sur les arbres de nos bois[3] ».

Certains oiseaux de proie nocturnes ou diurnes, la chouette, l'effraie ou frésaie, le milan et plusieurs autres, nous rendent aussi de grands services, en détruisant les mulots, les souris et autres petits rongeurs qui ravagent nos provisions. Une seule « chouette, enfermée dans un grenier, nous rend plus de ser- « vices que dix chats[4] ».

---

[1] Le cadre très restreint de notre *Petit manuel* ne nous permet pas de donner à cet important sujet tout le développement qu'il comporterait. Nous engageons le lecteur à se reporter à l'intéressant ouvrage intitulé : *Catalogue raisonné des animaux utiles et nuisibles de la France*, par M. Maurice Girard ; ouvrage publié sous les auspices du ministère de l'instruction publique et des beaux-arts. Hachette, éditeur.

[2] On estime que les insectes et autres ravageurs, dont le nombre augmente à mesure que celui des oiseaux insectivores diminue, causent à nos cultures, en France, un dommage annuel de plus de 300 millions de francs. Rapport de M. Millet à la Société des Agriculteurs de France. *Annuaire* de 1874, p. 140.

[3] MM. Decaisne et Naudin. *Manuel de l'amateur des jardins*, t. 1, p. 681.

[4] M. Bonjean. Rapport au Sénat, 27 juin 1861.

Les petits rongeurs, mulots, souris, etc., ne doivent pas être confondus avec la musaraigne, qui ne vit que d'insectes et est très utile. On se débarrasse des souris et des mulots, au moyen de pièges, plutôt que par l'emploi de pâtes empoisonnées, qui sont toujours dangereuses. On peut cependant employer, pour empoisonner les petits rongeurs, des grains de ricin, dont ces animaux sont très friands. D'après M. le docteur Sacc, ces graines tuent infailliblement les petits rongeurs.

Si la destruction des rongeurs est facile, celle des insectes, si petits, cachés le plus souvent dans les substances qu'ils dévorent, est au contraire très difficile.

C'est surtout lorsqu'ils sont à l'état de *larves*, alors qu'ils ressemblent à des vers ou à des chenilles, que beaucoup d'insectes nous causent les plus grands dommages. A l'état adulte, ils seraient souvent inoffensifs, comme le papillon par exemple, s'ils ne devaient produire par leurs œufs des myriades de ravageurs.

160. Hanneton et ver blanc. — Le hanneton à l'état parfait dévore le feuillage de nos arbres; à l'état de *larve* (*man* ou *ver blanc*), il ronge les racines des plantes et peut anéantir certaines cultures.

Les mans proviennent des œufs que la femelle du hanneton a, au mois de mai, déposés dans la terre, au nombre de soixante-dix à cent. Au bout de quelques semaines, ces œufs éclosent et produisent des larves qui, après avoir passé trois années en terre et rongé les racines de nos plantes, se transforment en hannetons.

Le meilleur moyen de détruire les hannetons consiste à secouer, dès le matin, au lever du soleil, les arbres sur lesquels ils se trouvent, et à recevoir, sur des toiles, ces insectes que l'on jette ensuite dans de l'eau bouillante ou dans de l'eau froide à laquelle on a ajouté du goudron de houille, du pétrole ou un peu d'huile. Cette opération doit être faite avant la ponte des femelles. Les hannetons desséchés peuvent être utilisés comme engrais. On peut aussi mettre dans des sacs les hannetons vivants que l'on a recueillis sous les arbres, puis les soumettre, dans un four, à une chaleur modérée. Ces insectes, tués par la chaleur, sont facilement réduits en une sorte de farine que l'on conserve dans des vases bien bouchés pour en faire des pâtées aux volailles qui en sont très friandes[1].

Pour détruire le *ver blanc*, on peut labourer le terrain qui en est infecté et ramasser après la charrue les larves que l'on jette dans de l'eau contenant du goudron.

Parmi les animaux qui détruisent le plus de hannetons et de mans, on doit citer le hérisson, le moineau, la corneille, la taupe et le carabe doré. A cette liste, on peut ajouter les poules et les canards.

161. Charançon ou calandre du blé. — Le charançon, appelé vulgairement *cosson*, etc., est un petit insecte brun foncé, presque noir, dont le corps, très étroit, est long de trois millimètres environ.

Une seule femelle de charançon pond de huit à dix mille œufs, qu'elle dépose dans autant de grains de blé. Chaque œuf donne naissance à un petit ver, à une larve, qui dévore la farine contenue dans le grain dont l'enveloppe seule reste intacte.

Les larves se transforment ensuite en calandres qui, à leur tour, produisent de nouvelles générations, de sorte qu'au bout de quelques mois, c'est par millions que l'on pourrait compter les insectes produits et, par suite, le nombre des grains de blé dévorés intérieurement, par une centaine de couples de charrançons.

Parmi les moyens nombreux employés pour éloigner les charançons des tas de blé, on peut citer : 1º le pelletage fréquent de ces tas ; 2º l'introduction, dans les greniers, de certaines plantes à odeur forte, telles que les feuilles de sureau, de noyer, de pyrètre, de chanvre, etc. Ces moyens, toutefois, ne font pas périr les charançons et ne sauraient empêcher les larves contenues dans les grains d'achever leur œuvre de destruction.

Pour détruire les calandres, on se sert avec succès du *sulfure de carbone* que l'on verse sur le blé, mis au préalable dans des tonneaux[2].

---

[1] Il ne faut pas donner les hannetons aux poules sans mélange de grains et d'herbes, sinon la chair et les œufs prennent un très mauvais goût.

[2] On emploie par hectolitre de blé 5 grammes environ de sulfure de carbone ; cette substance, étant très inflammable, doit être employée avec les plus grandes

162. Altises. — Les altises, nommées aussi *puces de terre*, sont de petits insectes sauteurs qui dévorent surtout les choux, les colzas et les navets.

Pour détruire les altises dans les jardins et dans la petite culture, on peut profiter du moment où ces insectes sont engourdis par la fraîcheur du matin, pour les faire tomber dans des vases à large ouverture, au fond desquels on a mis un peu d'eau et d'huile.

Pour les colzas plantés en ligne on peut, en secouant les tiges, faire tomber également les altises dans des entonnoirs communiquant inférieurement à des poches de toile dans lesquelles on écrase les insectes [1].

Un autre moyen de se débarrasser des altises sur les jeunes semis de choux, de navets et de colza consiste à arroser ces plantes avec de l'eau dans laquelle on a fait bouillir de l'absinthe, du sureau, ou de la suie. Cette infusion ne s'emploie, bien entendu, que lorsqu'elle est refroidie. Il paraît prouvé aussi que ces plantes ne sont pas attaquées par les altises lorsque leurs graines ont été, quelques jours avant les semailles, bien mêlées à de la fleur de soufre que l'on sème en même temps [2].

163. Courtilières. — Les courtilières, appelées encore *taupes-grillons*, coupent les racines des plantes, et, bien qu'elles détruisent d'autres insectes, sont considérées comme très nuisibles.

Pour détruire les courtilières, on verse de l'eau mêlée d'huile ou de l'eau de savon noir dans les trous, faciles à reconnaître, où les femelles pondent les œufs. On peut aussi, comme l'indique M. Maurice Girard, « placer à ras de terre des vases plats remplis d'eau, avec une légère couche d'essence de térébenthine. Les courtilières, dans leurs courses nocturnes, y tombent et s'y empoisonnent. »

164. Chenilles. — Les chenilles, ou larves de papillons,

précautions. On doit surtout éviter, pendant plusieurs jours, d'approcher du tas de grain ainsi traité, une lumière ou un corps enflammé, car les vapeurs de sulfure de carbone pourraient prendre feu et détoner avec violence.

[1] Voir *Catalogue raisonné des animaux utiles ou nuisibles*, par M. Maurice Girard.

[2] M. Huart-Chapel, cité par M. Joigneaux. *La Ferme*, t. II. p. 83.

sont presque toutes extrèmement nuisibles. Sous mille formes diverses, elles ravagent tous nos végétaux cultivés et jusqu'à nos livres et nos vètements.

La destruction des chenilles et, par conséquent, celle des papillons est donc d'une absolue nécessité. L'échenillage, c'est-à-dire l'enlèvement et la destruction des nids de chenilles sur les arbres, sur les haies et buissons est d'ailleurs prescrit par la loi. Les nids enlevés doivent être brûlés ou jetés dans de l'eau bouillante.

Parmi les animaux qui nous rendent le plus de services, comme destructeurs de chenilles ou d'œufs de papillon, on pourrait citer presque tous les petits oiseaux, et particulièrement la *mésange*, le *roitelet*, les *fauvettes*, les *bergeronnettes*, les *merles*, les *loriots*, le *moineau*, etc.

Parmi les insectes utiles, on doit citer le *carabe*, le *staphylin*, le *calosome*, et surtout l'*ichneumon*, qui pond ses œufs dans le corps des chenilles et contribue puissamment à en arrêter la multiplication.

165. Pucerons. — Ces insectes, qui se multiplient avec une rapidité effrayante, piquent les tiges ou les racines de nos plantes et les font périr. Le *phylloxera*, qui ravage nos vignobles, ressemble, comme on le sait, à une sorte de puceron.

On conseille, pour détruire les pucerons, la fumée de tabac, l'aspersion avec de l'eau dans laquelle on a mis du jus de tabac, de la benzine, du pétrole ou du savon noir, de la chaux additionnée d'acide phénique, etc.

Les *coccinelles*, les *téléphores* et quelques autres insectes dévorent, pour s'en nourrir, des quantités considérables de pucerons : les *rouges-gorges* et les *fauvettes* en détruisent aussi de grandes quantités.

166. Limaces. — Les animaux connus sous les noms d'escargots, de limaces et de loches font des dégâts considérables dans nos cultures.

On peut diminuer le nombre des limaces en leur faisant une chasse active le matin et le soir, ou en les attirant au moyen de feuilles de salade ou de petits tas de son, ou de planches posées sur le sol, dans des endroits où elles sont faciles à découvrir et à écraser.

Les *hérissons*, les *salamandres*, les *crapauds*, les *orvets*, animaux essentiellement utiles, dévorent un très grand nombre de limaces, et à ce titre encore, doivent être protégés et introduits dans les jardins. Les *vanneaux* et les *canards* peuvent aussi rendre de très grands services comme destructeurs de limaces[1].

Nous terminerons cette étude, bien incomplète et bien insuffisante des animaux utiles ou nuisibles à nos récoltes, en engageant le lecteur à consulter les ouvrages spéciaux, les traités d'agriculture, et en reproduisant le tableau suivant que le ministère de l'agriculture a fait récemment afficher dans plusieurs forêts de l'Etat.

MINISTÈRE DE L'AGRICULTURE

*Ce tableau est placé sous la protection du bon sens
et de l'honnêteté du public.*

Hérisson.

Se nourrit des souris, petits rongeurs, limaces et vers blancs, animaux nuisibles à l'agriculture.

Ne tuez pas le hérisson.

—

Crapaud.

Aide agricole, détruit de 20 à 30 insectes par heure.

Ne tuez pas le crapaud.

Taupe.

Détruit incessamment vers blancs, larves, courtilières et insectes nuisibles à l'agriculture. On ne trouve jamais trace de végétaux dans son estomac; fait plus de bien que de mal.

Ne tuez pas la taupe.

—

Hanneton et sa larve ou ver blanc.

Ennemi mortel de l'agriculture, pond de 70 à 100 œufs.

Tuez le hanneton.

Oiseaux.

Chaque département perd annuellement plusieurs millions par le fait des insectes; l'oiseau est le seul ennemi capable de lutter victorieusement contre eux; c'est un grand échenilleur; c'est un aide de l'agriculture.

Enfants, ne dénichez pas.

---

[1] Un autre procédé, qui donne d'excellents résultats, a été récemment découvert par M. Loiselet, jardinier à Marnes. Ce procédé consiste à étendre de la vieille

graisse ou du beurre rance sur des feuilles de choux ou sur de petites planchettes en bois que l'on place le soir sur les carrés que l'on veut préserver des limaces. Le lendemain matin, et même au bout de quelques heures, on trouve ces planches couvertes de limaces dont beaucoup sont tellement petites que la recherche directe en aurait été impossible. Il est alors facile d'enlever ces mollusques et de les détruire. On doit avoir soin, pendant le jour, de retourner les planchettes ou les feuilles de choux, pour que la graisse ne fonde pas au soleil.

(Voir *Bulletin des séances de la Société nationale d'Agriculture*, avril 1880, p. 315.)

TROISIÈME PARTIE

DES ANIMAUX DOMESTIQUES

CHAPITRE PREMIER

NOTIONS GÉNÉRALES

167. — Les *animaux domestiques*, élevés et entretenus pour le travail qu'ils nous donnent, ou pour les produits si nombreux et si variés qu'ils nous fournissent, forment la base fondamentale, la condition première de la prospérité agricole.

« Plus on a de bestiaux bien nourris, dit M. de Caumont [1], plus on a de fumier; et plus on a de fumier, plus on a de récolte. »

168. Logement des animaux. — Le logement des animaux doit être placé, autant que possible, dans une situation naturellement saine ; il doit surtout être à l'abri de l'humidité, toujours malsaine pour les animaux comme pour l'homme. Il faut que ce logement ait une grandeur convenable et puisse être aéré au moyen de fenêtres ou de vasistas, que l'on ouvre ou ferme à volonté.

Le renouvellement de l'air, vicié par la respiration des animaux et par les émanations de fumier, est de la plus haute importance. C'est de là que dépend en grande partie la santé du bétail.

---

[1] *Principes élémentaires d'agriculture* publiés par ordre de l'Association normande.

7

Il est constaté que, dans notre département, cette aération est souvent très insuffisante ; les étables et les bergeries ne sont pas assez spacieuses et n'ont pas assez d'ouvertures ; souvent aussi la propreté des cours laisse beaucoup à désirer [1].

D'un autre côté, il importe que les animaux ne soient pas exposés aux courants d'air, qui peuvent leur occasionner de graves maladies, surtout aux vaches fraîches vêlées et aux chevaux rentrant du travail.

L'aire des écuries, des étables et des bergeries doit être légèrement inclinée et être rendue imperméable à l'aide d'un pavage qui s'oppose aux infiltrations de l'urine dans le sol. Ces infiltrations, qui sont des causes graves d'insalubrité, ont pour conséquence la perte du purin qui est la partie la plus utile des fumiers.

169. Nourriture des animaux. — La nourriture des animaux doit être abondante et de bonne qualité ; il est inutile de donner trop, mais il est dangereux de ne pas donner assez : les économies de fourrages sont toujours désastreuses ; on dit souvent : « *Bien nourrir le bétail coûte : le mal nourrir coûte plus encore.* » Il serait plus exact de dire : Bien nourrir le bétail procure des bénéfices, le mal nourrir occasionne des pertes.

Il importe que les aliments donnés aux animaux soient exempts de poussières et de moisissures, ce qui les rend malsains : l'introduction des aliments cuits dans le régime des bestiaux est généralement considérée comme un progrès [2].

Dans une ration bien composée, les aliments très nutritifs, tels que les tourteaux, les farineux, sont accompagnés de fourrages qui, sous un plus grand volume, renferment peu de substances

---

[1] « Nous ne sommes pas les seuls, dit M. Baudrillart, dont les yeux aient été blessés par la malpropreté de beaucoup de ces cours et basses-cours, de ces espaces entiers encombrés d'immondices. » Et il ajoute : « Outre qu'il faut bannir la malpropreté inutile qui devient si facilement nuisible à la salubrité, c'est une affaire aussi d'économie domestique. Dans ces amas immondes, dans ces liquides infects qui ne circulent pas, les agronomes déplorent une des causes sensibles des pertes du fumier et du purin. » Parmi les imperfections de nos constructions rurales, M. Baudrillart signale les couvertures en paille qui, dit-il, « attestent la persistance de vieilles routines trop enracinées », malgré les graves inconvénients qu'elles présentent, surtout en augmentant les risques d'incendie. »
Baudrillart. *État économique des populations agricoles en Normandie* (*Journal des Économistes*, avril 1880, p. 30 et 31).

[2] Voir *Annuaire de l'Association normande*, 1874, p. 81.

nutritives, de manière que l'estomac des animaux puisse être rempli. De même, les aliments renfermant beaucoup d'eau, les betteraves et les navets, par exemple, doivent, après avoir été divisés, être mêlés à de la paille hachée. Pendant l'hiver, les fourrages secs doivent être mélangés à des racines divisées, telles que navets, betteraves, carottes, topinambours, etc., qu'il importe de cultiver dans ce but.

Il est nécessaire que les rations soient toujours distribuées à des heures fixes, et que ces rations, variables selon les animaux, soient bien régulières, de façon que les bestiaux ne reçoivent pas trop un jour et pas assez le lendemain. Il est bon aussi de laisser les animaux en repos un certain temps après chaque repas.

La qualité de l'eau donnée aux animaux est de la plus haute importance. De l'eau stagnante, malpropre, souillée par du jus de fumier ou autrement, est toujours malsaine et peut occasionner au bétail de graves maladies. Pendant l'été, l'eau des puits doit séjourner à l'air, pendant quelque temps, avant d'être donnée aux animaux.

170. Sel. — Le sel est absolument indispensable à la santé de tous les animaux. D'après M. Barral, la dose de sel la plus convenable pour le bétail est, par jour, de 80 grammes environ pour un cheval; de 60 grammes environ pour un bœuf; de 9 grammes pour un porc, de 4 à 7 grammes pour un mouton. Les volailles ont également besoin d'aliments salés qui, d'ailleurs, favorisent la ponte des poules. Un bon moyen de faire consommer le sel par le bétail consiste à placer dans les mangeoires des morceaux de sel gemme que les animaux lèchent avec plaisir; on peut aussi, dans le même but, former des pains avec du sel ordinaire et de l'argile.

Les fourrages avariés ne peuvent être donnés aux bestiaux qu'après avoir été additionnés de sel.

171. — La propreté des étables et des mangeoires est indispensable à la bonne santé des animaux. Il importe d'enlever avec soin les poussières et tout ce qui peut salir le corps du bétail.

Il est indispensable aussi de traiter avec douceur et de ne jamais surmener les animaux, que les coups, les mauvais traitements, la colère abrutissent, font dépérir ou rendent vicieux.

CHAPITRE II

ESPÈCE CHEVALINE ET ASINE.

172. — Le cheval est l'un des animaux domestiques les plus utiles à l'homme. Indispensable pour la culture, il est aussi, selon l'expression de M. Richard du Cantal, « un des éléments de la force des armées et des États ».

L'élevage du cheval est un de ceux qui procurent le plus de bénéfices, mais c'est aussi celui qui demande les plus grands soins.

Plus encore que tous les autres animaux, le cheval exige une nourriture substantielle, une très grande propreté et de bons soins sous tous les rapports. Il doit aussi être traité avec la plus grande douceur. Les chevaux méchants sont à peu près toujours ceux qui ont été battus ou traités brutalement.

173. Logement et nourriture des chevaux. — Il est indispensable que les écuries soient construites sur un sol sec et sain, qu'elles soient bien éclairées, bien aérées, sans courants d'air toutefois; elles doivent être pavées avec une légère inclinaison pour l'écoulement du purin. Les chevaux, dans les écuries humides, basses, trop étroites, contractent des maladies de toute nature. « Souvent, dit M. Richard du Cantal, de malheureux cultivateurs perdent leurs animaux périodiquement et sont ruinés par la seule insalubrité de leurs écuries[1]. » Lorsque le sol ne présente pas naturellement une sécheresse absolue, on doit l'assainir par des travaux de drainage. La hauteur d'une écurie ne doit pas être inférieure à 3 mètres; la largeur occupée par chaque animal devrait être de $1^m 50$ au moins; la capacité de l'écurie doit être pour chacun de 30 à 35 mètres cubes environ.

La ration des chevaux adultes varie selon la force des animaux et selon le travail que l'on en exige.

Les chevaux de ferme dont on n'exige pas de travail, s'entre-

[1] *Dictionnaire raisonné d'agriculture*, t. I, p. 460.

tiennent bien avec du fourrage vert pendant l'été et avec de bon foin, de la paille et des carottes pendant l'hiver ; dès qu'ils travaillent, on doit leur donner une ration d'avoine.

Pour un cheval de culture de force moyenne, une ration reconnue excellente par M. Boussingault est celle qui, évaluée en foin, représente 3, 30 p. 100 du poids vif de l'animal [1].

Un de nos agriculteurs les plus éminents, M. de Béhague, adopte pour ses chevaux de charrue la ration suivante : avoine. 14 litres ; foin, 10 kilogrammes ; son, 1 kilogramme [2].

Une certaine partie de l'avoine donnée entière aux chevaux n'est pas écrasée par la dent de ces animaux et n'est pas digérée : il y a donc avantage à concasser grossièrement l'avoine avant de la leur donner ; il y a aussi avantage à leur donner les fourrages hachés et un peu humectés.

L'ancienne ration quotidienne des chevaux d'omnibus à Paris était ainsi composée : avoine en grains, 9 kilogrammes ; foin en bottes, 5 kilogrammes ; son, 1 kilogramme ; paille entière, 6 kilogrammes ; cette ration a été remplacée par la suivante, dont les animaux se trouvent mieux, et qui procure chaque jour à la compagnie des omnibus un bénéfice considérable [3] : avoine écrasée, 5 kilogrammes ; foin haché, 3 kilogrammes ; orge écrasée, 3 kilogrammes ; paille entière, 6 kilogrammes.

174. Pansage des chevaux. — Les pansages sont indispensables pour maintenir les animaux en bonne santé.

Chaque jour, les chevaux doivent être étrillés, brossés, bouchonnés ou lavés à l'éponge : il est nécessaire aussi de les baigner, mais il faut pour cela qu'ils n'aient pas trop chaud et que l'eau ne soit pas trop froide.

L'élevage des chevaux exige des soins particuliers et des connaissances spéciales dont l'énumération sort de notre programme. Nous dirons seulement que l'on fait à quelques éleveurs le reproche de ne pas choisir toujours avec discernement les étalons et de faire travailler les poulains trop jeunes.

---

[1] *Economie rurale*, t. I, p. 310. Cette proportion doit être un peu augmentée pour les chevaux de petite taille.

[2] *Considérations sur la vie rurale*, p. 91.

[3] Voir *les Douze mois*, par Victor Borie, p. 60.

175. Principales races de trait élévées dans le département. — Les chevaux élevés dans les fermes de notre département se distinguent par une grande vigueur; ils appartiennent à la *race normande* ou à la *race cauchoise* (dérivée de la race boulonnaise) pures ou croisées avec le cheval anglais. Les poulains sont ordinairement vendus, à l'âge de six à dix-huit mois, à d'autres éleveurs qui les font travailler, quand ils ont deux ans et demi, et les vendent à l'âge de trois à cinq ans comme chevaux de trait ou de remonte.

Un dépôt de remonte, le plus important de France, se trouve d'ailleurs au Bec-Hellouin dans notre département.

On élève aussi le *cheval percheron*, ordinairement gris pommelé, qui se vend à un très haut prix aux administrations des omnibus et des chemins de fer, et le cheval breton, plus petit, plus trapu que le cheval percheron, mais extrèmement vigoureux.

176. Espèce asine. — L'âne, moins fort que le cheval, mais plus rustique, plus sobre et plus facile à entretenir, rend, à moins de frais, de très grands services dans la petite culture.

L'âne se contente des plus mauvais pâturages, des chardons, des bardanes et des fourrages de qualité inférieure ; cependant, si l'on veut que l'âne se maintienne en bon état, on doit lui donner du foin et du son de bonne qualité, ainsi que de l'eau très pure, car l'âne est très délicat sur ce point. Il importe aussi de le traiter avec douceur, de le tenir proprement et de ne jamais le surcharger de travail. Bien traité et conduit avec douceur depuis sa jeunesse, l'âne devient très docile et conserve pour son maître un attachement que l'on a comparé à celui du chien.

Les mauvais traitements, au contraire, les coups dont certaines gens ont la cruauté de l'accabler, l'abrutissent, le rendent peureux et abrègent la durée des services qu'il peut nous rendre.

CHAPITRE III

ESPÈCE BOVINE.

177. — L'espèce bovine est représentée, dans notre département, par 2,000 bœufs ou taureaux ; 94,305 vaches ou génisses, et 47,700 veaux.

Comme on le voit, les bœufs sont en petite quantité ; ils sont élevés plutôt comme animaux de boucherie que comme animaux de travail.

Les vaches sont entretenues en vue de la production des veaux et de celle du lait. Ce lait, transformé en beurre et en fromage, ou vendu en nature pour être en grande partie expédié à Paris, donne lieu à un trafic très considérable.

Les veaux mâles sont généralement engraissés et livrés à la boucherie vers l'âge de cinq ou six semaines.

On s'accorde à reconnaître qu'il y aurait un grand avantage pour l'éleveur, comme pour l'alimentation publique, à ce que ces veaux ne fussent abattus qu'à l'âge de trois ou quatre mois[1].

178. Races bovines. — Il existe un très grand nombre de bêtes de races bovines. Ces races se distinguent les unes des autres par des caractères bien tranchés et surtout par des aptitudes bien différentes.

Les animaux de certaines races ont, plus que ceux d'une autre race, une croissance rapide et une aptitude spéciale à l'engraissement, ou fournissent plus de lait.

Or, la production de la viande et celle du lait sont celles que l'on a surtout en vue dans notre département ; le choix des bonnes races de boucherie et celui des races bonnes laitières est donc de la plus haute importance.

Les agronomes, comme les praticiens, sont unanimes pour admettre que l'aptitude à l'engraissement chez les bêtes bovines se reconnaît aux signes suivants : peau fine et souple, poil lui-

[1] *Encyclopédie pratique de l'agriculteur*, t. XIII. p. 534.

sant et doux, tête fine légère avec des cornes noires ou blanches peu développées, yeux grands, calmes, bien ouverts et garnis de longs cils ; encolure moyenne avec peu ou point de fanon. dos large présentant une ligne droite du garrot à la croupe. qui doit être longue, large et bien musclée ; côtes rondes, poitrine ample et profonde [1].

Les vaches bonnes laitières sont caractérisées également par les signes précédents ; elles ont, de plus, le ventre large, le pis gros, prolongé sous le ventre et sillonné de grosses veines ; les trayons bien égaux et bien espacés. La disposition des poils, derrière le pis, a fourni à un habile observateur, M. Guénon, un moyen d'apprécier les qualités laitières des animaux de l'espèce bovine [2].

Les bêtes bovines qu'on rencontre dans notre département appartiennent surtout aux races normandes du Cotentin et du pays d'Auge, pures ou croisées avec la race durham.

179. Race normande-cotentine. — Les animaux de cette race se distinguent surtout par les caractères suivants : taille moyenne ou grande, pelage ordinairement bringé, tête non crêpue, mufle large, corps long, arrière-train généralement étroit, membres courts, système osseux très développé.

Les vaches cotentines sont excellentes laitières ; «aucune race, dit M. de Kergorlay, n'est supérieure pour la production du lait et pour la qualité ».

Mais, comme animaux de boucherie, sous le rapport de la production abondante et précoce de la viande, et de l'aptitude à l'engraissement, les bêtes cotentines sont inférieures à beaucoup d'autres [3]. Tous les praticiens s'accordent à reconnaître que cette race devrait être améliorée.

M. Magne considère le taureau durham, bien choisi, comme très propre à corriger la race normande du Cotentin, au point de vue de la boucherie [4].

---

[1] Voir *Encyclopédie pratique de l'agriculteur* de M. Gayot, mots : Bœufs, vaches, etc. — Magne. *Hygiène vétérinaire*, t. I.

[2] Consultez à cet égard : Magne. *Choix de vaches laitières*. — Guénon. *Traité des vaches laitières*.

[3] *Encyclopédie pratique de l'agriculture*, t. III. p. 654.

[4] Magne. *Hygiène vétérinaire*, t. II. p. 102.

On peut aussi l'améliorer par un choix judicieux et persévérant des meilleurs reproducteurs, de ceux qui présentent le plus de précocité et dont la forme se rapproche le plus de celles des bonnes races de boucherie, tout en conservant une faculté laitière très développée.

180. Race normande du pays d'Auge. — Les animaux de cette race sont un peu moins développés que ceux du Cotentin ; ils sont un peu plus précoces, mais les vaches sont souvent moins bonnes laitières. Le croisement avec les durham permet d'améliorer cette race en vue de la boucherie.

181. Race durham. — Cette race représente le type le plus parfait des bêtes de boucherie, relativement à la précocité et au rendement en viande. On la reconnaît aux caractères que nous avons énumérés ci-dessus (n° 178) pour les animaux propres à l'engraissement.

182. Soins nécessaires aux bêtes bovines. — Le premier aliment du veau nouveau-né doit être le premier lait fourni par la vache après le vêlage ; trop souvent encore, ce lait, qui contient un principe purgatif très utile au jeune veau, est donné à la vache à laquelle il ne peut qu'être nuisible.

On nourrit les jeunes veaux, soit en les faisant téter, soit en les faisant boire. Dans un cas comme dans l'autre, on doit séparer le jeune veau de sa mère, et le faire téter ou boire à des heures réglées.

Il importe que le veau reçoive, dès son plus jeune âge, une alimentation abondante. Lorsque la vache n'a pas assez de lait, on doit compléter la ration du veau, lorsque celui-ci est âgé d'une quinzaine de jours, au moyen d'une infusion de foin, nommée thé de foin, que l'on mélange au lait. On peut aussi ajouter au lait de l'eau tiède avec de la farine d'orge ou des pommes de terre écrasées.

L'infusion, appelée thé de foin, se prépare en mettant du foin de bonne qualité dans de l'eau bouillante et en l'y laissant, jusqu'à ce que cette eau soit refroidie entièrement[1].

---

[1] Des analyses de ce thé prouvent que 2 kilog. de bon foin fournissent une infusion qui peut remplacer 1 litre de lait. Le foin qui a servi à faire cette infu-

L'allaitement doit être prolongé plus longtemps pour les veaux que l'on désire élever que pour ceux qui sont destinés à la boucherie. La substitution des aliments solides à l'alimentation liquide des veaux ne doit être faite que progressivement jusqu'au moment du sevrage définitif.

183. Alimentation des bêtes bovines. — Pendant l'hiver, la nourriture des bêtes bovines consiste en paille, foin, betteraves, navets, pulpes, etc. Il est nécessaire que les betteraves et autres racines soient divisées et mêlées avec de la paille hachée. Il vaut mieux encore que les aliments soient cuits ou fermentés, surtout pour les animaux à l'engrais.

Pour les vaches laitières, les racines crues sont considérées comme préférables.

Pendant le reste de l'année, la nourriture des bêtes bovines consiste en fourrages verts que ces animaux prennent dans les pâturages ou reçoivent à l'étable. Les animaux pâturent en liberté, ou au piquet; ce dernier mode est préférable au premier, surtout dans les prairies artificielles.

On doit éviter de laisser manger aux animaux, soit à l'étable soit aux pâturages, des fourrages mouillés, couverts de rosée, de gelée blanche ou encore échauffés par le soleil, après avoir été mouillés. Ces fourrages, le trèfle et la luzerne surtout, comme ceux que l'animal mange trop rapidement ou en trop grande quantité, peuvent causer des accidents graves dont le plus ordinaire est connu sous le nom de gonflement, de ballonnement ou de météorisation [1].

184. Engraissement. — On engraisse le bétail à l'étable ou au pâturage; ce dernier mode est surtout appliqué pendant la belle saison dans l'ouest de notre département.

Quel que soit d'ailleurs le mode d'engraissement adopté, il importe de nourrir très abondamment les animaux à l'engrais : moins l'engraissement dure de temps et plus il donne de profit. Une quantité donnée d'aliments consommée par un animal pen-

---

sion n'a pas perdu toute sa valeur nutritive et peut encore servir à l'alimentation des autres animaux.
(Isidore Pierre. *Études théoriques et pratiques d'agronomie*, t. II, p. 167).

[1] Pour le moyen de traiter les animaux météorisés, voir les Traités d'agriculture et d'hygiène vétérinaire.

dant un certain temps, en un mois par exemple, produit sur le poids de cet animal une augmentation beaucoup plus considérable que si elle était consommée en un temps plus long. De même, les animaux de race précoce sont ceux qui, dans l'engraissement, permettent d'obtenir le *plus haut prix des fourrages*.

Le rendement en viande nette des animaux de boucherie de l'espèce bovine de notre région peut être évalué de la manière suivante :

    Bétail gras ordinaire 56 à 60 p. 100 du poids vif.
    Très gras . . . . . 61 à 63   —   —
    Extrèmement gras . 64 à 68   —   —

Pour les animaux durham, extrêmement gras, le rendement s'élève jusqu'à 72 p. 100 [1].

185. Nourriture des vaches laitières.

— Ce que nous venons de dire des animaux à l'engrais s'applique également aux vaches laitières. Un quintal de foin, par exemple, consommé en huit jours par une vache laitière, donne un plus grand produit que s'il était consommé en 12 jours par le même animal nourri d'une manière insuffisante. Ce fourrage pourrait même être dépensé en pure perte s'il ne servait qu'à former la ration d'entretien, c'est à dire celle que l'animal doit recevoir pour ne pas dépérir, sans donner de produits.

La quantité de lait fournie par un vache est essentiellement variable ; mais pour une bonne vache laitière, la plus ou moins grande abondance de lait semble dépendre de la quantité et de la qualité des aliments consommés [2].

---

[1] Barral. *Le Bon fermier.*

[2] Des expériences du plus haut intérêt ont été faites à ce sujet par les agronomes. Pour de bonnes vaches laitières, bien nourries, M. Dailly a constaté qu'en faisant consommer l'équivalent de 100 kil. de foin, !on obient, en moyenne, 35 litres 60 cent. de lait, outre un veau, dont le poids, à sa naissance, représente environ 700 grammes pour chaque quintal de foin consommé par la vache qui l'a produit. (A. Dailly. *Annales de l'agriculture française*, 1871,t. II, p. 155 à 157.)

CHAPITRE IV

LAIT — LAITERIE — BEURRE — FROMAGE.

186. — On se procure le lait par l'opération de la traite, qui se pratique deux ou trois fois par jour. Il importe que, dans chaque traite, le pis des vaches soit complètement vidé ; sans cette précaution, la quantité de lait fournie par ces animaux diminue considérablement.

D'un autre côté, le lait offre, dans sa composition, des différences notables, selon qu'il est recueilli au commencement ou à la fin de la traite. Le dernier cinquième du lait fourni dans une traite contient environ trois fois plus de beurre que le premier cinquième de la même traite. « Ce fait, dit M. Reiset, indique naturellement de réserver les dernières portions de la traite pour obtenir le beurre [1] ; » il indique aussi que la traite doit toujours être aussi complète que possible.

La plus grande propreté est indispensable pour tous les ustensiles qui servent à la manipulation du lait. Sans cette propreté minutieuse, les produits de la laiterie sont toujours de qualité inférieure. Il arrive même que le lait, mis dans des vases qui ne sont pas suffisamment propres, aigrit, devient filant et ne fournit pas de crème [2].

187. Laiterie. — Une bonne laiterie doit être excessivement propre, soustraite à l'influence de toutes mauvaises odeurs, parfaitement aérée et avoir une température constante de 12 à 15 degrés du thermomètre centigrade. Cette laiterie paraîtra donc fraîche en été et relativement chaude en hiver.

Le lait destiné à la préparation du beurre doit être mis dans des vases larges et peu profonds ; la montée de la crème se fait

---

[1] G. Reiset. *Recherches pratiques et expérimentales sur l'agronomie*, p. 1, 6 et 11.

[2] Certaines plantes, peu abondantes d'ailleurs dans notre département, ont la propriété d'empêcher le lait de former la crème, soit que ces herbes soient mangées en abondance par les vaches, soit qu'elles aient servi, comme cela a lieu quelquefois, à nettoyer les vases dans lesquels le lait est déposé après la traite.

ainsi plus facilement. On conseille aussi de tenir le lait dans des vases ayant à la hauteur du fond un robinet qui permet de laisser écouler la partie sur laquelle repose la crème, que l'on recueille ainsi d'une manière plus complète.

188. Beurre. — On obtient le beurre en agitant la crème du lait, ou le lait non écrémé, dans des ustensiles appelés barattes.

Dans le premier cas, il importe de ne pas laisser trop vieillir la crème, et surtout de ne pas la laisser trop longtemps sur le lait, car alors elle devient trop acide et donne un beurre de mauvaise qualité. La crème qui monte la première, comme celle qui est la plus fraîche, est celle qui donne le beurre le plus fin et le plus estimé.

La température à laquelle se fait le barattage a une grande influence sur la durée de l'opération. Cette température doit être de 16 à 17 degrés centigrades.

« Il n'est pas rare, dit M. Boussingault, de voir baratter le lait « pendant des espaces de temps qui varient de vingt minutes à « trois heures, et cela en faisant usage de la même baratte, avec « des batteurs animés de la même vitesse ; quelquefois, l'opé- « ration est jugée impossible, ce que l'on ne manque pas d'at- « tribuer à la mauvaise qualité du lait, à sa pauvreté en beurre, « quand les difficultés qu'on éprouve sont dues uniquement à « une fausse appréciation de la température. Ainsi, l'un des « instruments les plus utiles d'une laiterie est certainement le « thermomètre [1]. »

Dès que le beurre est fait, il est essentiel de le bien laver et de le bien pétrir pour en retirer tout le petit-lait, qui lui communique un mauvais goût et l'empêche de se conserver.

Le rendement du lait, en crème et en beurre, varie suivant l'espèce, l'état et le genre de nourriture des vaches laitières. Dans notre région, on admet que 100 litres de lait donnent 15 litres de crème qui fournissent 3 kilogrammes 700 de beurre, en moyenne. Il faut donc environ 27 litres de lait pour fournir 1 kilogramme de beurre.

189. Fromages. — La préparation du fromage est une

---

[1] *Annales de chimie et de physique.* 14e série, t. IX, p. 122.

branche importante de l'industrie agricole dans notre département. Outre les fromages frais destinés à être consommés dans les fermes, on prépare surtout les fromages dits de *Camenbert*, de *Neufchâtel* et de *Pont-l'Évêque*.

Le fromage dit de Camenbert se prépare avec du lait frais, auquel on mêle le lait écrémé de la traite ou des deux traites précédentes. Pour faire un de ces fromages, dont le poids moyen est 300 grammes, il faut environ 2 litres de lait.

Le fromage dit de Neufchâtel se prépare avec du lait additionné de crème, avec du lait normal ou du lait écrémé, selon la qualité que l'on veut obtenir. Chaque fromage, ou bondon, pesant de 120 à 130 grammes, est le produit de 75 centilitres de lait environ [1].

Pour préparer la première qualité de fromage de Pontl'Evèque, appelé aussi *angelot*, on emploie le plus ordinairement du lait pur non écrémé, ou même du lait additionné de crème; la deuxième et la troisième qualité se préparent avec du lait en partie ou entièrement écrémé [2].

CHAPITRE V

ESPÈCE OVINE, SOINS NÉCESSAIRES AUX TROUPEAUX. — ESPÈCE CAPRINE.

190. — L'espèce ovine est représentée dans notre département par 399,240 moutons, appartenant à des races perfectionnées (métis-mérinos ou dishley-mérinos, principalement).

Il faut aux moutons un air pur, vif, sec et exempt de brouillards; dans les terrains humides, ces animaux contractent facilement une maladie grave, la *cachexie aqueuse*, nommée vulgairement pourriture, qui est presque toujours mortelle.

191. Logement des moutons. — La bergerie doit être

[1] Pour la préparation de ces fromages, voir *Bulletin agricole*, publié par la Société de l'Eure, 26 juin 1870, et *Annuaire normand*, 1859, p. 79.

[2] M. Morière. *Annuaire des cinq départements de la Normandie*. 1859, p. 84 à 93.

spacieuse, sèche, parfaitement aérée et disposée de façon à n'être ni trop froide en hiver, ni trop chaude en été. Il a été constaté que, dans notre département, les bergeries réunissent rarement ces diverses conditions; la dernière surtout fait trop souvent défaut!

L'espace nécessaire à chaque mouton, varie selon la taille des animaux; on estime que cet espace ne doit pas être inférieur à un mètre carré; il importe que la bergerie n'ait pas une hauteur moindre de 4 mètres, et qu'elle ne soit pas surmontée d'un grenier à foin.

Il faut aux moutons une litière abondante et fréquemment renouvelée, afin que les animaux aient un coucher doux et propre, et qu'ils ne soient pas exposés aux émanations du fumier.

192. Nourriture des moutons. — Le genre de nourriture des moutons varie, selon que l'on spécule sur l'élevage, l'entretien ou l'engraissement de ces animaux.

Pendant les deux premiers mois de leur vie, les agneaux ont pour nourriture exclusive le lait des brebis, qui, pendant l'allaitement surtout, doivent recevoir une nourriture abondante et de bonne qualité. L'allaitement dure quatre mois environ. On sèvre graduellement les agneaux et on les habitue à manger, en leur donnant du son, du regain de luzerne, du très bon foin, ou des breuvages faits avec de la farine. Une petite ration d'avoine (un quart de litre par jour) donnée aux agneaux comme supplément de nourriture, aussitôt qu'ils peuvent la manger (lorsqu'ils ont deux mois environ), favorise beaucoup leur développement [1].

Les agneaux destinés à l'engraissement, reçoivent, outre le lait de leur mère, des farineux délayés dans l'eau, ou même dans du lait. M. Magne conseille de mettre à la portée de ces agneaux une pierre de craie, qu'ils lèchent avec plaisir, et qui a pour effet d'exciter leur appétit et de les préserver de la diarrhée. Les agneaux qui ne sont pas destinés à l'engraissement sont, lorsque le temps le permet, conduits au pâturage, avec le reste du troupeau, ou mis dans des clos où ils peuvent trouver une meilleure nourriture.

---

[1] Voir Magne. *Hygiène vétérinaire*, t. II, p. 269.

Pendant l'hiver, ils doivent recevoir une nourriture spéciale, formée de regain de luzerne, d'avoine et de racines coupées, ou mieux, cuites à la vapeur.

Lorsqu'ils ont acquis l'âge d'un an, les agneaux prennent le nom d'*antenais* ; ils peuvent vivre alors comme le reste du troupeau.

193. — Pendant l'hiver, les moutons sont nourris de foin, de petite paille, de racines cuites[1], de pulpes ou de tourteau de colza. On estime que les racines ne doivent former que la moitié de la ration. Il importe que les fourrages donnés aux moutons soient d'excellente qualité. Le foin grossier, chargé de poussière ou avarié leur est très nuisible. Le sel est indispensable à la santé des bêtes à laine ; on le leur donne de temps à autre, avec du grain moulu, à la dose de 15 à 20 grammes par semaine, pour chaque animal. Il faut aussi aux moutons une eau très pure, qui ne soit pas trop froide. Chaque animal en boit de 1 à 2 litres par jour.

Pendant le printemps, les moutons pâturent sur le trèfle incarnat, les vesces et sur la deuxième pousse du sainfoin. On ne doit, dans tous les cas, les conduire au pâturage, que quand la rosée a disparu ; parce que l'herbe mouillée les dispose à la pourriture et à la météorisation. Il est même indispensable, avant de les conduire sur les trèfles ou sur des prairies chargées d'herbe tendre et succulente, de leur donner de la paille ou d'autres fourrages secs. Pendant l'été, les moutons pâturent principalement sur les chaumes et sur les regains de luzernes.

Lorsque le temps est pluvieux ou lorsque l'air est chargé de brouillards, on évite de conduire les troupeaux au pâturage, et de les laisser passer la nuit dans les parcs, surtout sur les terrains humides ; on évite aussi de les laisser au milieu du jour, pendant l'été, à l'ardeur du soleil.

On engraisse les moutons en leur donnant à l'étable des fourrages verts, des grains, des tourteaux, des navets ou des pulpes, avec du foin haché ou de la paille et un peu de sel.

---

[1] M. Jules Reiset a constaté que les betteraves, cuites à la vapeur ont, pour les moutons, une valeur alimentaire supérieure à celle des betteraves crues. (Voir *Recherches pratiques et expérimentales sur l'agronomie*, p. 123 et suivantes.) Les betteraves et les pommes de terre crues ont d'ailleurs l'inconvénient d'occasionner quelquefois la diarrhée des bêtes à laine, des agneaux principalement.

Le rendement, en viande nette des moutons abattus, est de 50 à 60 p. 100 du poids vif. Pour les moutons anglais de la race de Dishley, ce rendement s'élève jusqu'à 72 p. 100[1].

194. Tonte des moutons. — Les moutons gras sont ordinairement tondus à la fin de mars ; les autres ne sont tondus que vers le commencement de juin et même un mois plus tard, lorsqu'il s'agit des mérinos. Il importe de tondre ras, sans blesser l'animal et sans avarier la toison. Une toison bien coupée se détache tout entière sans se désunir.

Dans quelques pays, on fait précéder la tonte des moutons, celle des mérinos principalement, du lavage à dos, qui s'exécute en lavant les moutons, d'abord dans de l'eau tiède, puis dans de l'eau courante ; cette opération a pour résultat de débarrasser la laine d'une partie du *suint* et des autres matières qui la salissent et en diminuent la valeur. Les eaux qui ont servi au premier lavage des moutons sont un engrais très actif qu'il importe de ne jamais laisser perdre.

La quantité de laine fournie par un mouton est très variable. Il résulte d'expériences faites par M. Dailly qu'en faisant consommer par des moutons d'un an, 100 kil. de foin, ou l'équivalent, on peut obtenir 2 kil. 021 de chair et 0 kil. 411 de laine lavée à dos[2].

195. Espèce caprine. — La chèvre, essentiellement utile dans la petite culture, donne, relativement à sa taille et à la quantité d'aliments qu'elle consomme, un produit considérable.

On sait que le lait de chèvre forme un aliment très sain pour les personnes faibles et pour les enfants.

Au pâturage, les chèvres mangent de préférence des herbes dures, les feuilles et les jeunes pousses des arbres et des arbustes. Il importe, pour cette raison, de ne jamais les laisser ni dans les taillis ni dans les plantations d'arbres ou près des haies qu'elles broutent et font périr. Il y a presque toujours avantage à les faire pâturer au piquet, ainsi que cela se pratique dans notre département.

---

[1] Mme Edwards, *Zoologie* p. 361.

[2] *Annales de l'agriculture française*, 1871, t. II. , 164.

On évite aussi de faire pâturer les chèvres dans les prairies dont l'herbe est abondante et succulente ; cette herbe *météorise* ces animaux et leur occasionne des indigestions. Les prairies humides, marécageuses ne conviennent pas à la chèvre, qui se plaît, et réussit surtout, dans les pâturages secs, escarpés et arides.

A l'étable, elles reçoivent en été des fourrages verts, des épluchures de légumes, du son, etc. ; en hiver, du foin, du son, des betteraves, de l'avoine et même du marc de pommes dont elles sont très friandes. (M. Magne.)

La statistique de 1875 porte à 2,500 seulement le nombre des chèvres entretenues dans notre département : il y a, par conséquent, une chèvre pour 238 habitants environ. Ce nombre serait susceptible d'une augmentation considérable.

Les chèvres, en effet, offrent à l'ouvrier des campagnes une ressource très précieuse que n'a pas l'ouvrier des villes.

Dans le pays le mieux cultivé de l'Europe, en Belgique, le nombre des chèvres est de 3 environ par hectare ; chaque famille en possède un certain nombre qui fournissent un très grand produit à très peu de frais [1].

CHAPITRE VI

ESPÈCE PORCINE

196. Du porc. — Le porc est un des animaux domestiques qui nous rendent le plus de services, non seulement à cause des substances alimentaires si abondantes qu'il nous fournit, mais surtout à cause de la facilité avec laquelle on peut le nourrir.

Le porc utilise, en effet, tous les débris de cuisine, tous les déchets que ne mangeraient pas les autres animaux.

Toutes les races de porcs ne présentent pas la même aptitude à la production de la viande et à l'engraissement.

Les porcs élevés dans notre département, au nombre de 46,000

---

[1] *L'Agriculture belge en 1878,* par E. de Laveleye.

environ, appartiennent principalement à la *variété cauchoise* de la *race normande*, caractérisée par un corps long, haut,
mince, un dos droit, des oreilles larges et pendantes, des membres très développés. On remplace de plus en plus les animaux
de cette race par des animaux de races anglaises perfectionnées,
qui profitent mieux des aliments qu'ils consomment.

Les signes qui caractérisent une race propre à l'engraissement et à un développement rapide sont : une poitrine ample,
le dos large, le corps presque cylindrique, la tête et les membres
petits, la peau mince, les soies fines et rares.

Certaines races anglaises, celles de *Leicester*, d'*York* et de
Berkshire, par exemple, présentent à un haut degré ces divers
caractères. M. Magne considère surtout la race anglaise de
Leicester comme très propre à améliorer la race normande au
point de vue de la précocité et de l'aptitude à l'engraissement [1].

197. Logement des porcs. — Il importe que la porcherie soit construite dans un lieu sain, exempt d'humidité ; les
loges qui la composent doivent toutes avoir accès à des cours
ouvertes, contenant, autant que possible, un réservoir d'eau où
les cochons puissent se baigner à volonté.

L'aire de la porcherie doit être légèrement inclinée et rendue
imperméable au moyen d'un pavage en brique ou en béton,
permettant l'écoulement des urines et facilitant le lavage et le
nettoyage complet des loges et des auges, dont la propreté est
une des conditions les plus indispensables du succès dans l'élevage des animaux de l'espèce porcine. Une autre condition tout
aussi essentielle est la présence d'ouvertures rendant facile l'aération des loges pendant l'été.

Le porc a besoin d'une litière chaude et sèche ; cette litière
est surtout indispensable aux jeunes porcelets que l'humidité
peut tuer en quelques jours.

198. Nourriture des porcs. — L'allaitement des jeunes
porcelets, ou *gorets*, dure de huit à dix semaines, pendant lesquelles la truie portière doit recevoir, en quantité modérée, une

---

[1] Voir Magne. *Hygiène vétérinaire*, t. II, p. 324.
M. Bénard, lauréat de la prime d'honneur en 1870, a obtenu une race excel-
lente en croisant les porcs de la race dite de berkshire avec la race new-leicester.
(*La Prime d'honneur en 1878*. p. 34.)

nourriture de bonne qualité. Cette nourriture se compose ordinairement de soupes faites de farineux délayés dans de l'eau ou dans du lait.

Dès que les porcelets ont cinq ou six jours, on commence à leur donner du lait chaud mélangé de son ou de fine recoupe dont on augmente progressivement la quantité.

Après le sevrage, on doit leur donner fréquemment à manger, en veillant à ce qu'ils vident complètement leur mangeoire à chaque repas. Leur nourriture consiste en farineux mélangés avec du petit lait ou des eaux grasses, chauffés et additionnés d'un peu de sel.

L'alimentation des porcs adultes varie à l'infini. Elle se compose, le plus souvent, des restes du ménage, des eaux grasses, des résidus de la laiterie, mélangés à des farineux, à des betteraves ou à des carottes, à des débris de jardinage, etc.

Dans tous les cas, la plus grande propreté dans la préparation de ces divers aliments est absolument indispensable. Il importe aussi que ces aliments soient distribués à des heures parfaitement déterminées.

On nourrit aussi les porcs en les faisant pâturer sur des prairies naturelles ou artificielles. On les conduit également dans les bois où ils peuvent trouver des glands et des faînes qui sont pour eux une excellente nourriture.

Dans le voisinage des villes, on nourrit ces animaux avec de la chair provenant de résidus de boucherie ou même d'équarrissage. Il paraît prouvé que ce genre d'alimentation n'exerce aucune influence fâcheuse sur la qualité de la viande du porc[1].

199. Engraissement des porcs.

— Le régime alimentaire des porcs destinés à l'engraissement se compose ordinairement de racines et des farineux mélangés avec des lavures, du petit lait, ou des pommes de terre bouillies.

Les agronomes s'accordent à reconnaître que les aliments cuits, saupoudrés d'un peu de sel, et donnés lorsqu'ils sont tièdes, sont plus favorables que les aliments crus à l'engraissement des porcs; il est bon cependant de leur distribuer des aliments crus quelques jours avant l'abattage, afin de donner plus de

[1] Voir Magne. *Hygiène vétérinaire*, t. II, p. 368.

fermeté à la viande. Il importe que la nourriture soit toujours distribuée avec la plus grande régularité.

Il importe aussi que les porcs, pendant leur engraissement soient tenus chaudement et proprement. L'usage, général dans certains pays, de laver fréquemment les porcs avec de l'eau tiède ou même avec de l'eau de savon est essentiellement favorable à la santé comme au développement des animaux de l'espèce porcine.

Le rendement en viande nette des porcs s'élève jusqu'à 80 p. 100 du poids de l'animal sur pied. En ajoutant à cette viande nette les divers produits employés dans l'alimentation, tête, pieds, sang, etc., on trouve que le rendement total du porc, en substances alimentaires, est de 94 à 95 p. 100 du poids vif. Aucun autre animal ne fournit un rendement aussi considérable.

CHAPITRE VII

OISEAUX DE BASSE-COUR ET ABEILLES.

200. Volailles. — Une statistique récente constate, dans notre département, l'existence de plus d'un million d'oiseaux de basse-cour. Dans ce nombre, les poules figurent pour 821,730; le reste comprend les dindons, les oies, les canards et les pigeons.

Le lieu dans lequel les oiseaux de basse-cour passent la nuit doit être à l'abri de l'humidité et garanti contre les fouines, les putois, les rats et les belettes. Il doit aussi être tenu avec la plus grande propreté [1]. Toute négligence à cet égard a pour conséquence, non seulement de nuire à la santé des volailles, mais encore d'amener la perte d'un engrais très énergique.

Dans les pays de culture très avancée, l'aire des poulaillers et des colombiers est nettoyée chaque jour ou recouverte d'une

---

[1] Il est nécessaire de passer au lait de chaux, chaque année, au commencement du printemps, les murailles et les perchoirs du poulailler, afin de détruire la vermine qui s'y multiplie et tourmente les volailles.

couche de terre sèche, de poussière de tourbe ou sciure de bois. Le fumier qu'on en retire est conservé avec soin [1].

201. Poules. — Choix des races. — Il existe un très grand nombre de races différentes de poules, qui se distinguent les unes des autres par des aptitudes particulières. Une des races les plus estimées est celle de *Crèvecœur*; les oiseaux de cette race sont remarquables par leur précocité, par la facilité de leur engraissement et la finesse de leur chair. Les poules de Crèvecœur, que l'on reconnaît à leur huppe fournie, à leurs pattes courtes et à leur plumage ordinairement noir, sont excellentes pondeuses; de plus, leurs œufs dont le poids atteint une moyenne de 80 grammes, sont beaucoup plus gros que ceux des poules de race commune.

Les races les plus estimées, après celles de Crèvecœur sont celles de Houdan, du Mans, de la Flèche et de Caux.

Dans notre département, où la production des œufs et celle des volailles grasses a une importance considérable, les poules appartiennent en grande partie à la race de Caux, et à la belle race de Crèvecœur.

La conservation des bonnes races exige quelques soins particuliers, consistant surtout à mettre à part les sujets les plus parfaits (un coq et quelques poules), de l'espèce que l'on veut conserver et à n'employer à la reproduction que des œufs très frais.

La couvaison des œufs est faite ordinairement par les poules couveuses; elle peut se faire aussi à l'aide de couvoirs artificiels, dans lesquels les œufs sont soumis à une chaleur constante, analogue à celle que produit la poule en restant sur son nid.

202. Nourriture des poules. — Les poules, élevées en liberté dans les cours de ferme, se trouvent nourries, en quelque sorte, gratuitement, au moyen du grain perdu, de criblures, de vannures et d'herbes. Elles mangent aussi une grande quan-

[1] En appliquant à notre pays une évaluation admise en Belgique, relativement à l'engrais produit par les volailles, on trouve que les oiseaux de basse-cour de notre département déposent annuellement, sous leur juchoir, l'équivalent de 12 millions de kilog. de bon guano du Pérou, représentant une valeur de 4 millions de francs environ. (Émile de Laveleye. *Rapport sur l'agriculture belge*, congrès de 1878, p. 138 et 136.)

tité de graines et d'insectes nuisibles, et, sous ce rapport rendent de véritables services.

Il est très avantageux, dans les grandes exploitations, de conduire au moyen de poulaillers roulants ou autrement, les poules dans les champs ravagés par les insectes, par les mans ou vers blancs surtout, que ces oiseaux ramassent derrière la charrue.

Une certaine quantité d'herbe est nécessaire à l'alimentation des poules. Lorsqu'on tient ces volailles enfermées, on doit leur donner des feuilles de choux, de chicorée, de laitue, d'oseille, etc. Il importe aussi qu'elles aient de l'eau propre à leur disposition. On doit mettre également à la portée de ces oiseaux, une certaine quantité de sable ou de terre sèche, dans laquelle ils se roulent pour se débarrasser de la vermine qui les tourmente. Les poules doivent avoir aussi du gravier qu'elles avalent pour faciliter leur digestion et du calcaire avec lequel elles forment la coquille de leurs œufs.

On emploie pour engraisser les poules un très grand nombre de méthodes. Dans toutes, il y a deux conditions indispensables à remplir : 1° empêcher les animaux de prendre de l'exercice, 2° les tenir dans un lieu obscur, modérément chaud.

203. Ponte des poules et conservation des œufs. — On estime qu'une poule, bonne pondeuse, peut donner environ 600 œufs pendant sa vie ; elle en fournit ordinairement 80 pendant la première année, 120 pendant la seconde, 120 pendant la troisième, 80 pendant la quatrième ; passé cet âge, les produits vont constamment en diminuant.

Pour favoriser la ponte des poules, il est bon de donner à ces animaux du sarrasin, de l'orge, un peu de chènevis et des pâtées tièdes, auxquelles on ajoute une petite quantité de sel.

On réussit à faire pondre les jeunes poules pendant tout l'hiver, même pendant les plus grands froids, en les tenant dans un lieu chaud et sec, et en les nourrissant bien à l'aide de grains et de pâtées chaudes, additionnées d'un peu de sel.

Il est ordinairement très avantageux de conserver, pour l'hiver, une partie des œufs pondus pendant le printemps et l'été. Parmi les nombreux moyens proposés pour cette conservation.

nous indiquerons le suivant qui donne d'excellents résultats [1].

Il consiste à enduire les œufs d'une légère couche d'huile de lin et à les déposer sur de la paille à l'abri de l'humidité et de la gelée. Les œufs peuvent se conserver ainsi, parfaitement frais, pendant huit à dix mois.

204. Autres oiseaux de basse-cour.

— Les plus importants, après la poule, sont le *dindon*, l'*oie*, le *canard* et le *pigeon*. Pour ces animaux, comme pour les autres animaux domestiques, on doit chercher à se procurer les races les plus perfectionnées.

Les *dindons*, plus difficiles à multiplier que les poules, donnent aussi des produits plus considérables, lorsqu'ils sont bien soignés; de plus, ils préservent les basses-cours du ravage des oiseaux de proie, éperviers, buses et autres.

L'élevage de l'*oie* (oiseau dont le régime, comme celui du dindon, est plutôt herbivore que granivore) permet de tirer un excellent parti des marais et des terrains marécageux.

Le *canard* est très facile à multiplier et à élever ; il réussit très bien, tout en n'exigeant que peu de soins et de dépenses, partout où se trouve de l'eau en abondance. On ne doit pas oublier cependant, qu'il est nuisible dans les rivières et dans les viviers, où il détruit beaucoup de frai de poisson. Comme destructeur de limaçons, le canard peut rendre au contraire des services réels dans les jardins.

Les *pigeons*, élevés dans les fermes, appartiennent à deux races principales : le pigeon de colombier, qui ne fait que trois ou quatre pontes par an, et le pigeon de volière qui en fait jusqu'à douze.

Le pigeon de colombier, moins productif que le pigeon de volière, exige, en revanche, moins de soins et de dépenses, mais il cause souvent de sérieux dégâts dans les champs où il va chercher sa nourriture.

Parmi les substances dont le pigeon est très friand et qui sont employées pour attacher ces oiseaux au colombier, on cite surtout les vesces et le sel. On leur donne ordinairement cette dernière substance en mettant dans le colombier, un morceau de morue très salée ou un gâteau formé d'argile et de sel.

---

[1] Indiqué *Revue des Sociétés savantes.* 2° série, t. V, p. 24.

Un des produits les plus importants du pigeon est la *colombine*, engrais énergique, très recherché dans le Nord, pour fumer les récoltes de lin.

205. Abeilles. — L'apiculture, c'est-à-dire l'art d'élever les abeilles, est, pour celui qui s'y livre, une source de profits faciles et certains, surtout dans notre département, où le miel est d'excellente qualité et atteint par conséquent un prix très élevé.

Le produit des abeilles consiste en miel, en cire, et en essaims. Chaque essaim, destiné à former une ruche ou colonie nouvelle, se compose d'une reine, de quinze à trente mille abeilles neutres ou ouvrières, et de plusieurs centaines de mâles ou faux-bourdons.

Pour récolter le miel, on doit bien se garder d'employer le procédé aussi barbare qu'inintelligent qui consiste à étouffer les abeilles dont on veut recueillir les produits. Il importe, au contraire, de protéger ces insectes si utiles, et de ne prendre que leur superflu, en enlevant partiellement les gâteaux chargés de miel.

On doit se garder aussi d'enlever aux abeilles, de la cire provenant des rayons qui sont sains et dans de bonnes conditions; il est prouvé, en effet, que pour refaire ces gâteaux, les abeilles devront consommer un poids de miel qui représente vingt-cinq fois environ celui de la cire qu'on leur a enlevée[1].

Pour faciliter la récolte du miel, il est bon de faire usage de ruches à compartiments, à hausse ou à calotte, dont il existe un très grand nombre de modèles[2].

Les abeilles ont de nombreux ennemis, parmi lesquels nous citerons seulement les souris, les rats, les guêpes, les frelons, les fourmis, les araignées et surtout une sorte papillon, appelé fausse teigne. Les moyens de détruire ces ennemis, comme les soins à donner aux abeilles, se trouvent indiqués dans les traités d'apiculture et dans la plupart des ouvrages d'agriculture.

Le nombre de ruches d'abeilles en activité dans le département de l'Eure est de 22,000 environ. On estime que ce nombre

[1] La cire que l'on récolte ainsi revient, dit M. Victor Borie, à environ 50 fr. le kilog. Expérience de Huber répétée par MM. Dumas et Milne Edwards. (Voir Victor Borie. *Les Douze mois*, p. 94 et 95.)

[2] Voir Victor Hamet. *Cours pratique d'agriculture*, p. 149 à 170.

pourrait et devrait être au moins vingt fois plus grand, et que le produit net de cette industrie s'élèverait facilement à sept ou huit millions de francs chaque année. L'entretien d'un rucher n'exige presque ni dépenses, ni capitaux ; il n'exige non plus presque pas de terrain : un petit jardin de quelques ares est suffisant. Tout habitant de la campage peut donc se livrer à l'apiculture ; tout ouvrier des champs peut y trouver une source de profits, qui contribuera à lui assurer un bien-être qu'il chercherait en vain dans les villes.

HORTICULTURE

HORTICULTURE

—

CHAPITRE PREMIER

TRAVAUX USUELS

Disposition et préparation du terrain. — Le jardin potager demande beaucoup de soins et de surveillance ; aussi, convient-il de le placer près de l'habitation. Pour le préserver des ravages auxquels il est exposé, il est de toute nécessité de l'entourer d'une haie impénétrable aux animaux, ou mieux encore, par un mur. Ce dernier mode de clôture, peu dispendieux, lorsqu'on le fait en terre, abrite parfaitement le jardin, et peut être avantageusement utilisé, en y appliquant des arbres fruitiers à l'aide d'un treillage.

L'eau est indispensable pour la culture des plantes potagères qui exigent de fréquents arrosements. Si l'on ne peut s'installer près d'un cours d'eau, il faut avoir au moins un puits ou une citerne à sa disposition.

Le sol du potager doit être défoncé à une profondeur de 0m70 centimètres ou environ, débarrassé des pierres qui peuvent s'y trouver, et bien divisé par plusieurs labours qu'on pratique, soit à la bêche, soit à la fourche, selon la nature du terrain. Ce sol doit présenter, autant que possible, une surface horizontale.

Le tracé du potager consiste à établir une allée de ceinture de 1 mètre à 1m50 de largeur, selon l'étendue du terrain, à 1m 50 des murs ; la surface comprise entre cette allée est ensuite divisée, si cela est nécessaire, par un chemin principal de 1m 50 de largeur, passant au milieu du jardin, et une ou plusieurs allées transversales, également de 1m50 de largeur et

8.

partageant le jardin en carrés ou rectangles. Chaque carré est
divisé en planches larges de 2 mètres et séparées par des sen-
tiers. « Lorsque le potager sera clos par une haie, l'allée de
« ceinture devra toucher à cette haie, parce que la culture des
« légumes est impossible dans son voisinage, à cause des
« limaces, des escargots et des insectes de toutes sortes qui ne
« manquent pas d'y chercher un refuge [1] ».

Couches. — Les couches sont des amas de matières susceptibles de fermenter et de produire une chaleur plus ou moins
vive et prolongée, selon qu'elles sont plus ou moins épaisses.
On emploie à cet effet, du fumier de cheval non consommé, et
appelé *fumier long,* ou des feuilles sèches ramassées sous les
arbres. On donne aux couches, la forme d'un carré large de
1m40, sur une longueur indéterminée et une épaisseur qui
varie suivant l'époque à laquelle on fait le travail. Les couches
faites pendant les mois de février et de mars, doivent avoir une
épaisseur de 0m60 ; une hauteur de 0m35 à 0m40 est suffisante pour celles établies à partir du mois d'avril.

Les matières qui servent à la confection des couches doivent
être disposées par lits de 0m15, que l'on applique les uns sur les
autres au moyen d'une fourche. Qu'on se serve de fumier ou
de feuilles, il faut bien secouer et piétiner chaque lit, de façon
à ce qu'il présente une surface parfaitement unie ; on arrose
ces matières, si elles sont par trop sèches ; lorsque la couche est
arrivée à la hauteur voulue, il faut la couvrir d'une certaine
épaisseur de terreau (0m20, environ) ou de bonne terre bien
criblée ; enfin, le tout est abrité à l'aide de cloches en verre ou de
châssis, sur lesquels on applique des paillassons. Peu de temps
après, la fermentation se produit ; souvent même, la chaleur de
la couche est tellement forte, qu'il faut attendre que ce moment
d'effervescence, que les jardiniers appellent *coup de feu,* soit
passé, avant de confier à la couche les semis ou les repiquages.
Ce n'est que lorsque la température de la couche est *réglée,*
pour nous servir encore d'un terme de jardinage (c'est-à-dire
un peu descendue), que ces opérations peuvent être pratiquées.

L'emploi des couches est applicable à toutes les plantes pota-

[1] *Jardin potager,* par Joigneaux.

gères, dont on veut activer la végétation. Il est indispensable pour faire la culture des melons.

Châssis et cloches. — Nous ne ferons point la description de ces ustensiles, qui ont pour effet d'augmenter la chaleur ; nous dirons seulement que, pour être commodes et d'un maniement facile pour une seule personne, les châssis ne doivent point avoir plus de 1m10 de longueur, sur 0m90 de largeur.

Engrais. — Il convient de fumer copieusement le potager tous les ans, au moment des premiers labours, et dans la proportion de 3 à 4 mètres cubes par are. Les engrais qu'on doit préférer pour la culture des plantes potagères sont :

1° Les *fumiers* : l'emploi du fumier de cheval ne saurait être trop recommandé pour les terrains de consistance argileuse, froids et humides ; les boues des rues conviennent bien aussi aux mêmes terrains. Le fumier de vache est utilisé dans les sols graveleux, légers ou sablonneux.

2° Le *terreau* : produit par la décomposition complète des couches ; cet excellent engrais est de la plus grande utilité pour assurer la germination des graines des plantes dont on fait le semis ; on en répand une légère couche sur chaque ensemencement, en ayant soin de l'appuyer par un coup de rouleau, ou en le frappant avec le dos d'une pelle.

Paillis. — Très en usage chez les maraîchers d'Evreux, le paillis consiste à appliquer sur les carrés où l'on cultive les gros légumes, tels que : choux, choux-fleurs, potirons, etc., une couverture de 0m08 à 0m10 de fumier à moitié consommé, afin de maintenir la terre fraîche et de l'empêcher de durcir. C'est un bon moyen pour ménager les arrosements et protéger les racines contre l'ardeur du soleil.

Labours. — Les labours du potager se font à la bêche dans les terrains légers, meubles et de consistance moyenne ; dans les sols argileux, compacts et humides, il est préférable de se servir de la fourche. On aura soin de bien diviser la terre « pour que l'action de l'air puisse se produire aisément dans la

« couche arable, et pour favoriser le développement des racines [1] ».

Hersage. — Cette opération se fait, pour ameublir la surface du sol en émiettant les mottes, à l'aide de la fourche ou du râteau ; après avoir enlevé les pierres, on dispose sur les côtés de la planche, une légère saillie pour retenir l'eau des arrosements.

Semis. — C'est toujours par un beau temps et dans un terrain bien préparé, ni trop sec, ni trop humide, qu'il convient de faire les semis de plantes potagères. On sème à la volée ou en rayons.

1° *Semis à la volée.* — Il faut d'abord mesurer ou peser la quantité de graine dont on a besoin pour l'ensemencement de chaque planche ; ensuite, on répand la semence sur le sol, en ayant soin de la répartir le plus également possible, de façon à ce qu'il y en ait autant à une place qu'à l'autre. Pour enterrer la graine, il faut donner un hersage avec le râteau auquel on imprime un mouvement de va-et-vient, sur toute la partie ensemencée. On couvre ensuite de terreau et on roule.

2° *Semis en rayons.* — Ce mode de procéder se fait ainsi : à l'aide de la binette, en suivant des lignes indiquées par le cordeau, on établit des rayons plus ou moins espacés, plus ou moins profonds, suivant le développement que doivent prendre les plantes. La graine est répandue dans ces rayons et recouverte en rabattant la terre des bords avec le dos du râteau.

Repiquage. — C'est l'opération par laquelle on transplante les jeunes plants venus de semis, en les espaçant suivant le degré de force qu'ils doivent acquérir avant d'être mis en place à demeure. Comme le semis, le repiquage a lieu dans une terre bien préparée. Les plantes repiquées émettent un grand nombre de racines, deviennent très robustes et sont d'une reprise certaine. Le repiquage doit toujours être suivi d'un arrosement en pluie.

Sarclage. — Chaque fois que de mauvaises herbes se

[1] Joigneaux. *Jardin potager.*

montrent dans les semis et généralement dans toutes les cultures, il faut sarcler le terrain, c'est-à-dire débarrasser le sol de tous ces parasites, en les arrachant, soit à la main, soit avec la ratissoire ; ce dernier mode est particulièrement applicable aux semis en lignes.

Binage. — C'est le labour très superficiel qu'on pratique à l'aide de la binette sur la terre, pour l'ameublir, briser l'espèce de croûte qui s'y forme après les pluies et la rendre accessibles aux influences de l'air et de l'humidité. On ne saurait trop recommander les binages à cause des bons résultats qu'ils produisent.

Arrosements. — Les plantes potagères réclament de fréquents arrosements, surtout pendant les premiers jours qui suivent les semis ou la plantation d'été, pour assurer la levée ou la reprise des plants ; ce moment passé, les arrosements peuvent être moins réitérés, mais plus copieux à mesure que les plantes se développent et que la température s'élève. Pour que les arrosements soient profitables à la végétation, il faut les faire le matin quand la température est froide ou peu élevée ; dans le moment des fortes chaleurs, il est préférable d'arroser le soir pour que les plantes absorbent une partie de l'humidité qui se maintient pendant toute la nuit.

Assolements. — On entend généralement par assolement, la succession d'une culture à une autre, de façon à ne pas mettre deux fois de suite des plantes de même famille dans le même terrain. Ainsi, on ne devra pas faire succéder une plantation de choux de Milan à une autre de choux d'Yorck, pas plus qu'à un semis de navets. Ce principe est applicable à tous les végétaux. Cependant, on peut faire, par exception, plusieurs récoltes successives de laitues, de chicorées et de scaroles dans le même sol. Ces plantes peu épuisantes arrivent promptement, si elles sont bien soignées, à leur entier développement sans que les premières plantations nuisent sensiblement à la végétation de celles qui viennent ensuite.

CHAPITRE II

CULTURE

Ail. — Plante vivace, du midi de l'Europe et cultivée pour ses bulbes.

Culture facile en terre légère ou graveleuse, et rendue substantielle par l'apport d'engrais très consommés ou pulvérulents. Multiplication par caïeux, que l'on plante en mars, à 0^m12 les uns des autres, sur des lignes espacées de 0^m15 et à 0^m05 de profondeur. Binages et arrosements au besoin. Récolte quand les tiges sont desséchées, en ayant soin, après avoir arraché les bulbes, de les laisser sécher sur la terre, puis mettre l'ail en bottes pour le suspendre dans un endroit sec et à l'abri de la gelée.

Il y a plusieurs variétés de cette plante. La plus répandue porte le nom d'ail ordinaire.

Artichaut. — Plante vivace du midi de l'Europe.

L'artichaut devant occuper le sol pendant une période de plusieurs années, demande un terrain abondamment fumé et profond. La plantation se fait au mois d'avril, au moyen d'œilletons qu'on enlève des vieilles touffes, en ayant soin que chaque œilleton soit muni d'un talon à sa base, puis on supprime le tiers environ de la longueur des feuilles. Il est d'usage de planter les artichauts en quinconce et à 0^m80 de distance les uns des autres sur tous sens. Il sera bon, pour assurer la reprise, de former un petit monticule de terreau au pied de chaque œilleton et de l'arroser légèrement.

Les soins de culture consistent en des labours superficiels ou binages pour tenir la terre meuble, et en des arrosements copieux, si la température l'exige. Ainsi traités, les artichauts produisent dans le mois de septembre, ou au plus tard au printemps de l'année suivante.

Dans la deuxième quinzaine de novembre, c'est-à-dire à l'approche de la gelée, après avoir enlevé les tiges, on coupe les feuilles à 0m30 au-dessus du sol ; puis on forme une butte de terre autour de chaque pied. Cette butte est recouverte de 0m08 à 0m10 de feuilles sèches ou de fumier à moitié consommé. Quand la température le permet, on doit ouvrir la couverture pour donner de l'air aux plantes, jusqu'à ce que la gelée se fasse sentir de nouveau.

A la fin de mars, il faut enlever complètement la couverture, détruire les buttes et donner un labour aux artichauts. Un peu plus tard, en avril, on éclaircit chaque touffe en ne conservant que les deux plus beaux œilletons. Un plant d'artichauts peut produire abondamment pendant quatre ans.

Les meilleures variétés sont : l'*artichaut de Laon*, et le gros *camard* ou *camus de Bretagne*.

Asperge. — Plante vivace, indigène.

On sème l'asperge au mois de mars, sur une vieille couche ou dans une terre friable, à laquelle il est bon d'ajouter une certaine quantité de terreau. Le semis se fait en rayons espacés de 0m30 et profonds de 0m05 ; on remplit ces rayons de terreau qu'on appuie fortement avec le dos de la pelle, le tout est recouvert d'un bon paillis. Ils convient d'éclaircir les plants quand ils commencent à se montrer, en les espaçant de 0m10 à 0m15, puis de biner, pour ouvrir la terre et d'arroser au besoin. Au bout d'un an de culture, les plants d'asperges peuvent être mis définitivement en place.

L'asperge ne vient bien qu'en terrain profond, de consistance plutôt sèche qu'humide et bien amélioré par de copieux engrais bien consommés. Si le sol est argileux ou compact, il faudra l'assainir par l'apport de ravine de route, de sable, de plâtras, etc. Le terrain doit être préparé avant l'hiver qui précède la plantation. A cet effet, on dispose des planches de 1m50 de largeur, en réservant un espace de 1 mètre entre elles, la terre de chaque planche est ensuite enlevée à une profondeur de 0m30 ; puis on bêche le fond en y enterrant une forte fumure. Les choses sont laissées en cet état pendant toute la durée de l'hiver. Au mois de mars suivant, le fond des planches est ouvert par un léger labour, la terre est bien émiettée ; puis on trace des rayons sur le sol du fond à 0m80 de distance, on établit sur les rayons et à 0m80 l'un de l'autre, de petits monticules ou buttes de terre de 0ᵐ10 à 0ᵐ12 centimètres de hauteur.

Les pieds d'asperges destinés à la plantation sont désignés sous le nom de *griffes*. Il faut les déplanter avec précaution, de manière à ne pas les endommager. Après avoir fait choix des griffes les mieux constituées, on les pose isolément en plaçant le collet au sommet de la butte, en étalant bien les racines ; on les recouvre de 0ᵐ10 de bonne terre sur laquelle il convient d'appliquer un paillis de fumier à moitié consommé. Il n'y a plus ensuite qu'à entretenir la plantation par des sarclages, de légers binages et des arrosements, si la température l'exige. On coupe rez terre toutes les tiges à la fin de novembre.

L'année suivante, au printemps, on recharge les asperges d'une nouvelle couche de 0ᵐ08 à 0ᵐ10 centimètres de terre meuble mélangée de terreau, et l'on continue de donner les soins de l'année précédente.

La troisième année, on peut commencer à couper quelques asperges, mais seulement pendant huit ou dix jours. Les sarclages et binages sont continués jusqu'à la fin de l'automne, époque à laquelle, au lieu de couvrir les asperges d'une plus grande épaisseur de terre, comme cela se pratique chez la plupart des cultivateurs, il faut enlever au contraire, *la superficie du sol à quelques centimètres d'épaisseur; la terre ainsi déplacée est disposée sur les planches entre les rangs d'asperges* [1].

Au commencement de l'hiver, on répand sur les griffes, mais de manière à ne pas couvrir le collet, un lit de fumier consommé ou de boues de ville.

La quatrième année, dans les premiers jours de mars, il convient de donner un labour superficiel, puis à la fin d'avril, on forme une butte de terre de 0ᵐ20 à 0ᵐ25 centimètres de hauteur sur chaque pied ; bientôt les asperges apparaissent à la surface de cette butte ; dès qu'elles la dépassent de quelques centimètres, après avoir écarté la terre des buttes avec la main, on les coupe le matin, à l'aide d'un couteau destiné à cet usage, de manière à ne pas endommager les racines, après quoi on reforme la butte. La récolte peut se prolonger pendant six se-

[1] *Manuel de culture maraîchère*, par Courtois-Gérard.

maines. Ensuite on laisse les asperges se développer et produire leurs graines. Peu de temps après, il faut enlever les tiges sèches et démonter les buttes en ne laissant que peu de terre sur les racines. Enfin, comme l'année précédente, on étend en hiver une couche d'engrais bien consommé ; au printemps, il convient de labourer superficiellement, de butter de nouveau et de donner les mêmes soins que ceux de la quatrième année. On continue ainsi tous les ans ce mode de culture.

Les asperges peuvent produire abondammment pendant dix ans.

Ces plantes sont souvent attaquées par un insecte de l'ordre des coléoptères, connu sous le nom de *criocère*. Cet insecte paralyse la végétation et cause de véritables ravages. On en débarrasse les plantations en se servant de chaux réduite en poudre, qu'on répand sur les tiges avec la main, le matin ou le soir après le coucher du soleil.

Les variétés les plus recommandables, sont : l'*asperge de Hollande* et l'*asperge rose d'Argenteuil*.

Betterave. — Plante bisannuelle, d'Europe.

Culture en terrain profond, bien divisé par un ou plusieurs labours. Semis au printemps, en rayons espacés de $0^m 40$. Sarclage et éclaircie des plantes en les espaçant de $0^m 35$. Binages fréquents. Récolte à la fin d'octobre ou commencement de novembre. Après avoir coupé les feuilles, on conserve les racines dans un endroit sec, à l'abri de la gelée.

Pour récolter des graines, on plante, à la fin de mars, des racines de l'année précédente. Cette graine mûrit en septembre et se conserve pendant cinq ans.

Variétés potagères : *grosse rouge ordinaire, jaune ronde, petite rouge de Castelnaudary.*

Carotte. — Bisannuelle, indigène.

Les premiers semis de cette plante peuvent se faire en pleine terre à la fin de février ou au commencement de mars, en terrain fumé de l'année précédente et bien divisé. On sème à la volée ou en lignes espacées de $0^m 15$; 120 grammes de graines suffisent par are. Il est essentiel de recouvrir le semis de $0^m 01$ à $0^m 02$ centimètres de terreau ou de terre meuble qu'on tasse par un coup de dos de pelle. On éclaircit les carottes en les espaçant de 0ᵐ 10 à 0ᵐ 12, et en ayant soin d.*j* détruire les mauvaises herbes. Si la température l'exige, arroser fréquemment. Les semis se continuent jusqu'en juillet.

Les carottes qu'on réserve pour la consommation d'hiver, doivent être arrachées en octobre ; les racines dégarnies de leurs feuilles au-dessous du collet, sont rentrées dans un endroit à l'abri de la gelée.

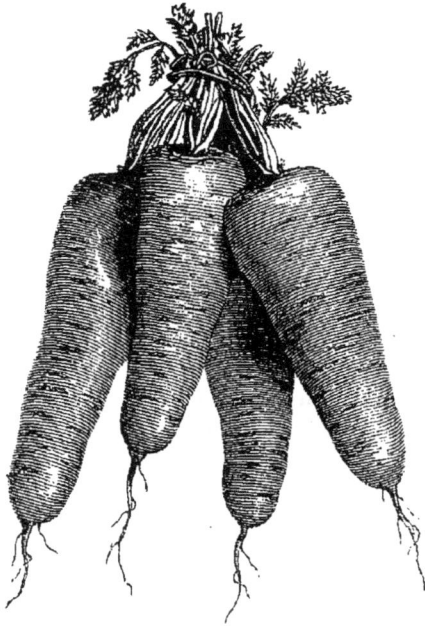

Fig. 19. Carotte rouge demi-longue de Luc.

Pour se procurer de la graine, il faut choisir les carottes les mieux faites et les plus colorées, les planter près à près et les couvrir de litière pendant la gelée. Au mois de mars, on les plante à demeure, à 0ᵐ 50 de distance l'une de l'autre. La récolte a lieu à la fin de l'été. Les graines se conservent bonnes pendant trois ans.

Les variétés cultivées pour la table, sont : la *Rouge courte de*

Hollande, très hâtive [1], la *Rouge demi-longue de Luc,* et la *Rouge Nantaise sans cœur.*

Céleri. — Plante indigène, bisannuelle.

Les premiers semis se font sur couche, en février ; on continue ensuite à semer en pleine terre et à mi-soleil, dans les mois d'avril et mai. Les plants sont éclaicis, et quand ils sont suffisamment forts, on les repique en terre meuble, à 0m12 centimètres sur tous sens. Ne pas oublier d'arroser.

La mise en place définitive se fait, quand les plants ont 0m10 à 0m12 centimètres de hauteur, dans une terre abondamment fumée sur laquelle le céleri est planté en lignes de 0m35 centimètres en tous sens. Les binages et surtout les arrosements seront très fréquents. Pour retenir l'eau des arrosements, il convient de former un fort bourrelet de terre sur les côtés des planches. Lorsque le céleri est assez fort, on le fait blanchir ; pour cela, il suffit de le lier en relevant les feuilles, puis, on passe de la litière sèche ou de la terre entre les rangs jusqu'au sommet des feuilles, sans toutefois les recouvrir. Après avoir été privé d'air pendant quinze ou dix-huit jours, il est ordinairement assez blanc pour être livré à la consommation.

Aux approches de l'hiver, le céleri est arraché pour être rentré en cave ; là, on pose les plantes debout et près à près sur un lit de sable ou de terreau, et on les couvre de litière ou de paillassons pour les faire blanchir.

Les variétés les plus recommandables, sont : le *Céleri plein blanc* et le *court hâtif.*

Céleri-rave. — Même culture que le précédent ; mais comme la racine seule est utilisée, on ne fait pas blanchir les feuilles. Arrosements copieux pendant l'été ; suppression des feuilles latérales à mesure qu'elles se développent ; l'on ne conserve que celles du cœur. La récolte des racines a lieu à la fin de l'automne, il faut les rentrer à la cave et les garnir de sable ou de terreau.

On laisse en terre les pieds réservés pour obtenir des graines en ayant la précaution de les butter et de les couvrir de litière

---

[1] N'est cultivée que sur couche.

pendant les gelées. Les graines se conservent bonnes pendant trois ans.

Cerfeuil cultivé. — Plante indigène, annuelle.

On sème le cerfeuil depuis le mois de mars jusqu'à la fin de septembre, le plus souvent en bordure. La graine se conserve pendant trois ans.

Cerfeuil bulbeux. — Semis à la fin d'août, en lignes espacées de 0m45 centimètres en terre friable. Les plantes ne lèvent qu'au printemps suivant. Il faut les éclaircir pour faciliter l'accroissement des bulbes. Récolte en juillet.

Champignon comestible. (*Agaric cultivé*). — Pour cultiver le champignon, il faut se servir de fumier de cheval, mis en tas depuis trois ou quatre semaines, mais cependant encore assez chaud pour produire une fermentation modérée. Ce fumier doit être peu pailleux et contenir beaucoup de crottin. D'après une notice publiée par la maison Vilmorin, et les nombreux résultats que nous avons pu constater, *on peut en tempérer la force en y mêlant aussi intimement que possible, un quart ou un cinquième de bonne terre de jardin.* Le fumier étant ainsi préparé, on le dispose en petites couches appelées *meules* [1], de 1 mètre à 1m50 de longueur, sur 0m50 à 0m60 de hauteur. La largeur des meules sera de 0m70 à la base et de 0m40 au sommet.

Après l'établissement des meules, il convient d'attendre quelques jours pour que la fermentation se produise d'une façon régulière, pour permettre d'y introduire le blanc [2] de champignon.

Le plus souvent, on s'adresse aux maisons de commerce pour se procurer le *blanc* à l'état sec. Après l'avoir reçu, *il est bon de l'exposer à l'influence d'une humidité tiède et modérée. C'est ce qu'on appelle le faire revenir* [3].

---

[1] Les meules doivent être établies de préférence, soit dans une cave, ou sous un hangard, surtout pour les cultures d'hiver.

[2] Le blanc de champignon se trouve dans le fumier; il forme une sorte de réseau composé de filaments blancs.

[3] Notice Vilmorin.

Ces dispositions prises, et quand la fermentation des couches est sur le point de cesser, il y a lieu de pratiquer des trous à 0ᵐ25 de distance en tous sens sur les meules, pour les garnir de *blanc* qu'on divise par morceaux longs de 0ᵐ 10 à 0ᵐ 12 et larges de 0ᵐ 05 à 0ᵐ 06. Après avoir placé les fragments de blanc, on ferme les trous en rabattant le fumier, ensuite il

Fig. 20. Champignon comestible.

faut presser moyennement le tout, afin qu'il y ait adhérence complète entre le blanc et le fumier.

Il est toujours bon de recouvrir entièrement la meule de litière sèche (paille, fumier long, ou foin), en donnant à cette couverture 0ᵐ08 à 0ᵐ10 d'épaisseur.

Le blanc commence ordinairement à végéter au bout de dix jours ; on s'en aperçoit par l'apparition de petits filaments de couleur blanchâtre qui envahissent la surface de la meule. C'est le moment d'enlever la litière qui enveloppe la couche,

pour la remplacer par une couverture de 0ᵐ 02 à 0ᵐ 03 de terre
légère, criblée et mélangée de résidus de plâtras bien pulvérisés ;
on appuie cette terre avec le dos d'une pelle, puis la litière est
replacée comme il a été dit précédemment.

Après six ou sept semaines, la récolte commence, elle peut
se prolonger pendant trois mois et quelquefois plus. Les trous
qui proviennent de l'enlèvement des champignons doivent être
rebouchés avec la terre qui les environne.

Pour récolter les champignons, il ne faut pas attendre qu'ils
soient arrivés à leur complet développement. Ils sont bons, tant

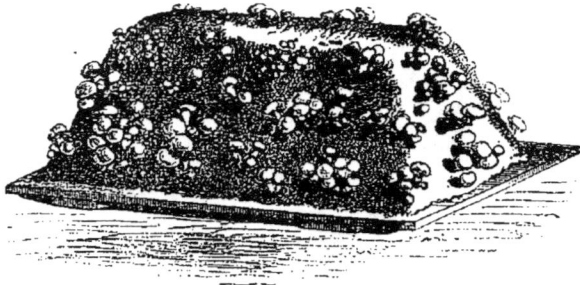

Fig. 21. Meule à champignon.

qu'ils conservent leur forme ronde, *mais dès qu'ils tournent à
figurer la tulipe ou le tournesol, ils deviennent dangereux*[1].

L'humidité est nuisible aux champignons, l'arrosement des
meules ne se fait que quand elles deviennent trop sèches.

Chicorée frisée. — Plante annuelle de l'Inde (d'après le
Bon Jardinier).

Dans les cultures de primeurs, la chicorée frisée est semée en
février sur couche chaude et sous châssis ; on la repique en
mars, et quand elle est suffisamment forte, on la plante également sur couche. Ce mode de culture peut donner lieu à une
récolte dans la deuxième quinzaine de mai. Ces premières chicorées sont sujettes à monter.

Les semis en pleine terre commencent au mois d'avril et se

[1] *Culture des champignons*, par Salle.

succèdent pendant une partie de l'été. Ils se font en erre bien ameublie, à bonne exposition et couverte de 0ᵐ 01 à 0ᵐ 02 de terreau. Il faut arroser tous les jours si le temps est sec.

Les mise en place consiste à tracer en bonne terre des rayons espacés de 0ᵐ30 sur lesquels on plante les chicorées à 0ᵐ35 de distancé sur les lignes, en ayant soin de peu les enfoncer, de manière à ne pas nuire au développement des feuilles du cœur ; arrosements et binages fréquents jusqu'à ce que les plantes soient bien fournies de feuilles ; on choisit un temps sec pour les relever et les lier afin de faire blanchir l'intérieur.

Quand arrivent les premières gelées, les chicorées sont placées côte à côte sans qu'il soit nécessaire de les lier ; il suffit de les couvrir d'un peu de paille pour les faire blanchir.

Pour recueillir des graines, il faut choisir les plus belles chicorées parmi les plantations du printemps. Leur graine mûrit en septembre et se conserve bonne pendant cinq ans.

Les meilleures variétés sont la *Chicorée fine de Rouen,* ou *Corne de cerf* et la *Chicorée fine d'Italie.*

Chicorée sauvage. — Plante vivace indigène.

Culture en toute terre. Semis en avril et en mai, en rayons espacés de 0ᵐ 20.

Les jeunes feuilles sont mangées en salade; on en fait plusieurs récoltes successives pendant l'été.

A la fin de l'automne, la chicorée sauvage est arrachée pour être rentrée dans une cave sombre, dans le but de faire blanchir ses feuilles. On prépare à cet effet une couche de terre ou de sable, haute de 0ᵐ15, on dispose les chicorées horizontalement la tête en dehors ; on les recouvre d'une couche de sable, sur laquelle on peut établir une nouvelle rangée de racines qu'on recouvre comme la première; on peut former ainsi quatre ou cinq rangées.

Les chicorées ainsi disposées produisent pendant une partie de l'hiver.

Chicorée sauvage améliorée. — Variété de la chicorée sauvage, mais à feuilles plus rondes, plus tendres, produisant une petite pomme qui se forme à l'automne; semis au printemps, en rayons espacés de 0ᵐ 25. Eclaircie et sarclage des plantes pour que les feuilles puissent facilement se développer. On les utilise en salade comme celles de la chicorée sauvage.

Choux. — Les jardiniers ne cultivent guère que deux races de choux : les choux pommés à feuilles lisses, et les choux de Milan pommés à feuilles frisées.

Choux pommés à feuilles lisses. Les semis de ces choux se font à la fin d'août ou commencement de septembre sur une terre bien préparée ou sur une vieille couche ; on repique en octobre, en espaçant les plants de 0^{m}10 sur tous sens. La plantation définitive a lieu en novembre et décembre, dans un bon sol, ayant reçu une forte fumure. On dresse ensuite le terrain sur lequel on trace des rayons espacés de 0^{m}40 et profonds de 0^{m}06, puis les choux sont plantés en quinconce à 0^{m}35 de distance sur les lignes. Binages au printemps et arrosements si le temps est sec.

Ce mode de culture est applicable aux variétés hâtives, connues sous les noms de *Chou d'York* ou *petit précoce*, de Chou *cœur-de-bœuf* et de chou *Nantais hâtif.*

Fig. 22. Chou d'York ou petit précoce.

Dans les grands jardins et dans les champs, on cultive le

Fig. 23. Chou d'York gros.

gros *Chou blanc de Bonneuil ou de Saint-Denis*, et le *Chou de Vaugirard*, qui arrivent pour la consommation d'hiver. Ces variétés se sèment dans les premiers jours de mai. Il faut les planter à 0ᵐ 80 de distance en terre riche d'engrais.

Choux de Milan pommés à feuilles frisées. — Semis en février et mars à bonne exposition ; repiquage, puis plantation à 0ᵐ 40

Fig. 24. Chou cœur-de-bœuf gros.

entre les pieds. Binages et arrosements fréquents. On peut régler la plantation de manière à récolter depuis le commencement de l'été jusqu'à l'hiver.

Fig. 25. Chou de Milan court hâtif.

Les meilleures variétés de cette race sont le *Milan pied-court* et le *gros Milan des Vertus.*

« Pour récolter de bonnes graines de choux, dit M. Courtois

9.

Gérard dans son *Manuel de culture maraichère,* on fait choix des pieds les plus parfaits et les plus francs de chaque variété. Après avoir coupé les têtes pour les livrer à la consommation, on continue de soigner les trognons, qu'on arrache pour les mettre en jauge et les couvrir pendant les gelées. Au printemps, on les met en place en ayant

Fig. 26. Chou de Milan gros des Vertus.

soin de les isoler de ceux des variétés différentes pour éviter les croisements accidentels. Ils donnent en juillet et août de la graine qu'il faut préserver des atteintes des oiseaux. »

La graine du chou conserve pendant cinq à six ans ses facultés germinatives.

Chou de Bruxelles. — Plante vigoureuse résistant bien à la gelée. Tige de 0^m80 se garnissant de la base au sommet de petites pommes ou rosettes d'excellente qualité. Semis en pleine terre, en mai, repiquage à 0^m10, puis plantation à 0^m70 en tous sens en bonne terre bien fumée. Binages et arrosements en été. Récolte pendant une partie de l'hiver.

Fig. 27. Chou de Bruxelles nain.

On cultive depuis peu d'années une variété naine du chou

de Bruxelles. Cette variété, propagée par la maison Vilmorin, est très productive.

Chou-fleur. — Pour récolter au printemps, on sème le chou-fleur dans les premiers jours de septembre sur une vieille couche ou en terre friable à bonne exposition. La germination est facilitée en donnant, si la température l'exige, de fréquents arrosements. Quand les plants ont quelques feuilles, on les repique en bonne terre le long d'un mur exposé au midi et à 0^m10 à 0^m12 de distance en tous sens. Aux approches de la gelée, ces plants sont couverts de châssis ; on a soin de leur donner de l'air toutes les fois que la température le permet. Quand le froid devient trop rigoureux, il faut entourer les châssis de feuilles sèches et les couvrir de paillassons. Vers la fin de mars, quand les fortes gelées ne sont plus à craindre, on met les

Fig. 28. Chou-fleur Lenormand.

choux-fleurs en place définitive dans la meilleure terre du jardin après l'avoir préparée par un ou plusieurs labours et une abondante fumure. On plante en lignes espacées de 0^m 80 et 0^m 80 de distance sur les rayons. Il est bon, pour assurer la reprise des choux-fleurs, de former un petit monticule de terreau à la place que chacun d'eux doit occuper ; on les plante au milieu de ce monticule en enfonçant les plants jusqu'aux premières feuilles. Les choux-fleurs demandent un bon paillis, de nombreux binages et de copieux arrosements. Ils donnent leurs produits depuis le 15 mai jusqu'à la fin de juin.

Pour récolter en été et en automne, on sème les choux-fleurs en mars, avril et mai. A cette époque on les cultive comme les choux de Milan.

Les variétés les plus estimées, sont : le *Chou-fleur demi-dur*, le *Chou-fleur Lenormand* et le *Chou-fleur dur de Hollande*.

Les graines sont récoltées sur les plus belles têtes provenant de la plantation du printemps. Elles se conservent bonnes pendant cinq ans.

Il convient d'abriter contre l'air et le soleil les têtes de choux-fleurs quand elles sont arrivées au tiers de leur développement. On les couvre, à cet effet, avec les feuilles qui les entourent.

Concombre-cornichon.— Plante annuelle, de l'Inde.

Semis en place au mois de mai. — On choisit une plate-bande à bonne exposition, au milieu de laquelle on pratique une tranchée large de 0m 30 et de la profondeur d'un fer de bêche ; cette tranchée est remplie de fumier de cheval à moitié consommé. Après l'avoir bien tassé, on le recouvre avec la terre provenant de la tranchée ; puis, on sème les cornichons, en mettant deux ou trois graines par touffes espacées de 0m 60 sur la ligne. Binages et arrosements fréquents.

On récolte des semences de cornichon en laissant les fruits sur le pied jusqu'à ce qu'ils pourrissent. Après avoir lavé les graines, on les laisse sécher. Elles se conservent bonnes pendant six ou sept ans.

Courges. — Plantes annuelles, de l'Inde.

Le terrain dans lequel on peut cultiver les courges doit être ainsi préparé : dans les premiers jours de mai, après avoir creusé à la distance de 2m 50 à 3 mètres, des trous de 0m 50 de profondeur, sur 0m 70 de largeur, on remplit ces trous de fumier à moitié consommé et tassé qu'on recouvre de 0m 25 de terre bien criblée ; puis on sème trois graines au milieu de chaque trou et on les recouvre de 5 à 6 centimètres de bonne terre ou de terreau. Après la levée des plantes, le pied le plus fort est conservé, et les deux autres supprimés. On sarcle et on arrose si le besoin s'en fait sentir.

Quand les branches des courges commencent à paraître, il faut couvrir la terre d'un bon paillis. Lorsque les fruits apparaissent et qu'ils sont bien constitués, on en conserve un seul par branche après en avoir coupé l'extrémité à deux feuilles au-dessus du fruit. Un peu plus tard, on supprime une partie des branches secondaires pour faciliter l'accès de l'air et de la lumière sur les branches principales et sur les fruits ; arrosements fréquents et copieux.

Fig. 29. Potiron rouge d'Étampes.

Les graines se conservent bonnes pendant cinq ou six ans.

Les courges les plus cultivées sont : le *Potiron jaune gros*, appelé aussi citrouille, le *Potiron rouge d'Etampes* et le *Giraumont turban*. Cette dernière variété est la meilleure.

Les potirons et les giraumonts mûrissent à la fin de l'été et doivent être rentrés dans un endroit sec à l'abri de la gelée.

Echalotte de Jersey. — Sorte d'ail vivace qu'on multiplie de bulbes, dont la plantation se fait dans les premiers jours de mars, en terre saine exempte d'humidité et fumée de l'année précédente. La mise en place se fait à 0ᵐ10 de distance entre chaque pied.

Récolte en été ; après avoir fait sécher les échalottes on les conserve dans un endroit sec.

Epinard. — Semis en lignes ou à la volée depuis le mois de mars jusqu'en octobre. Eclaircie et sarclage des plants dont on peut utiliser les feuilles jusqu'à ce que les tiges commencent à monter.

Cette plante annuelle a produit plusieurs variétés : les meilleures sont l'*Epinard de Hollande* et l'*Epinard de Flandre*.

Les graines se conservent pendant deux ans.

Estragon. — Plante vivace, de Sibérie.

Multiplication au printemps par l'éclat des pieds. On les plante en bonne terre en les espaçant de 0ᵐ30 en tous sens. Suppression des tiges avant l'hiver. Au printemps, on couvre la plantation d'une bonne couche de terreau.

Fève. — Plante annuelle, originaire de Perse.

Le semis s'en fait à la fin de mars sur des rayons espacés de 0ᵐ40 en formant des trous de 0ᵐ08 de profondeur et espacés de 0ᵐ40 sur les lignes, dans lesquels on met trois ou quatre fèves que l'on recouvre ensuite de terre. Dès que les fèves sont levées, il faut leur donner un premier binage, puis un second, quand elles sont un peu plus fortes et former un petit monticule de terre autour de chaque touffe.

Quand les fèves commencent à défleurir, il convient de pincer l'extrémité des tiges pour hâter la formation des graines qui sont bonnes à consommer en vert.

Les meilleures variétés sont : la *Grosse ordinaire*, la *Fève naine* et la *Fève d'Aguadulce*.

Les graines se récoltent sur les pieds qu'on laisse sécher ; elles se conservent en cosses pendant cinq ans.

Fraisier. — Plante vivace, indigène.

Nous en distinguons deux races principales : l'une *à petits fruits,* l'autre *à gros fruits.* Ces deux races, et particulièrement la dernière, ont produit un grand nombre de variétés.

Bien que le fraisier vienne à peu près partout, il préfère cependant un sol léger, riche d'engrais bien consommé et l'exposition du midi. On le multiplie par *filets* ou *stolons* et par semis.

Les filets naissent autour des pieds, se répandent sur la terre

Fig. 30. Fraise des Quatre-saisons.   Fig. 31. Fraise Carolina superba.

et produisent des rejetons qui s'enracinent en fort peu de temps.

Pour seconder cette disposition naturelle à l'enracinement, on répand une légère couche de terreau sur les fraisiers qui doivent être multipliés. Lorsque le plant est assez fort, on le repique en rayons en l'espaçant de 0m15 en tous sens: puis on l'arrose en pluie. Un peu plus tard, il convient de pratiquer de nombreux binages et de supprimer les nouveaux filets qui ne manquent pas de se produire, parce qu'ils nuisent au développement des pieds-mères.

La plantation à demeure se fait au printemps suivant. On dispose à cet effet des planches de terre sur lesquelles, après avoir répandu une couche de terreau, on trace trois ou quatre rangs; les fraisiers sont plantés à 0^m50 de distance en tous sens, s'il s'agit de variétés à gros fruits; pour les fraisiers à petits fruits, un intervalle de 0^m40 est suffisant. Il est indispensable d'arroser pour assurer la reprise. Il n'y a plus ensuite qu'à donner des binages et des arrosements au besoin, et à supprimer les filets.

Quelque temps avant la fructification, il est bon de garnir les fraisiers d'un lit de paille qu'on passe entre les feuilles et le sol pour empêcher les fruits de se salir. Après la récolte, les fraisiers sont bien nettoyés de leurs feuilles sèches et binés une dernière fois avant l'hiver.

Fig. 32. Fraise docteur Morère.

Dès les premiers jours de mars, après avoir ouvert légèrement la terre à la fourche, on rechausse les fraisiers en les couvrant d'une couche de terreau ou de bonne terre bien émiettée et, à mesure que le besoin s'en fait sentir, il faut recommencer les mêmes soins que l'année précédente.

Pour recueillir des graines, on choisit les plus belles fraises et les mieux conformées, quand elles sont arrivées à leur maturité la plus avancée, on les écrase sur une planchette; il convient de les laisser sécher pendant plusieurs jours. On réunit alors les graines pour les

Fig. 33. Fraise Marguerite.

conserver jusqu'au mois de mars, époque à laquelle on les

sème sur couche ou en pleine terre à mi-soleil, en ayant soin de les couvrir d'une petite quantité de terreau qu'on appuie avec le dos d'une pelle. Il faut tenir la terre fraîche en arrosant fréquemment en pluie.

Les fraisiers lèvent en quinze ou vingt jours ; on les repique en bonne terre quand ils ont quelques feuilles, en attendant la plantation définitive qui ne peut avoir lieu que quand ils sont suffisamment forts. On les traite alors comme il a été indiqué pour les plants obtenus de filets.

Un plant de fraisiers peut produire abondamment pendant trois ans.

Les meilleures variétés sont :

1° *Petits fruits*. — Quatre-saisons à fruit rouge ; d° à fruit blanc ; d° rouge améliorée ; buisson de Gaillon, sans filets à fruit rouge ; d° à

Fig. 34. Fraise Louis Vilmorin. fruit blanc.

Ces cinq variétés à petits fruits, dites remontantes, produisent en pleine terre depuis le commencement de juin jusqu'aux gelées.

2° *Gros fruits*. — Marguerite Lebreton très hâtive ; Louis Vilmorin, docteur Morère, Carolina superba, Lucie, vicomtesse Héricart de Thury, triomphe de Paris, sir Harry.

Haricot. — Plante annuelle, de l'Inde.

Les haricots sont classés en deux sections : les haricots nains et les haricots à rames.

1° *Haricots nains*. — Les meilleures variétés de cette section sont le *haricot de Laon* ou flageolet, le *haricot nain très hâtif d'Etampes* et le *noir de Belgique*.

Les deux premiers sont propres à manger en cosses vertes, en grains tendres et en grains secs.

On recherche le noir de Belgique pour sa précocité ; il doit être consommé en vert. Ses grains secs ne sont employés que pour semence.

Tous les haricots craignent la gelée et l'humidité, on ne peut

les livrer à la pleine terre qu'à partir du mois de mai. A cette
époque, il convient de faire le semis en terre légère, bien préparée par un ou plusieurs labours et rendue fertile par des
engrais consommés. A partir de la fin de mai on peut semer en
toute terre.

Le sol étant disposé comme il vient d'être dit, est divisé en
planches sur lesquelles on trace des lignes espacées de 0^m40 ;
puis sur ces lignes, avec la lame de la binette on forme des
trous de 0^m06 à 0^m08 de profondeur, avec un intervalle de
0^m40 entre eux. Cinq ou six graines sont déposées dans chaque

Fig. 35. Haricot nain hâtif d'Étampes.

trou, puis on recouvre la semence de trois à quatre centimètres
de terre. Dès que les haricots sont bien levés, il faut donner un
binage en formant une petite butte de terre autour des touffes.
Les binages sont continués jusqu'à ce que les haricots couvrent
le sol. Quand la température est sèche, on donne quelques arrosements.

Les semis pour haricots verts peuvent être continués jusqu'aux
premiers jours d'août.

2° *Haricots à rames.* — Même culture que pour les précédents; mais comme ils deviennent beaucoup plus forts, on doit
les espacer de 0^m60 à 0^m80 en tous sens. Quand les tiges sar-

menteuses commencent à se développer, il faut les soutenir avec des rames.

Les meilleures variétés de cette section sont : le *Haricot de Soissons blanc à rames*, le *Haricot sabre* et le *Haricot beurre* ou *d'Alger*.

La récolte des haricots verts doit se faire le matin avant le lever du soleil. Quant aux haricots secs, on les laisse mûrir sur pied ; une fois réunis par bottes, ils sont suspendus dans un endroit bien sec et aéré.

Les semences laissées en cosses se conservent bonnes pendant trois ou quatre ans ; toutefois les graines d'un an sont de beaucoup préférables.

Igname de la Chine. — Plante vivace produisant des tubercules de bonne qualité et pouvant être employée aux mêmes usages que la pomme de terre.

L'igname de la Chine dont les racines s'enfoncent verticalement en terre, à une profondeur de 0m60 à 0m80, exige un sol profond et riche d'engrais bien consommé.

On la multiplie de bulbilles quelle produit abondamment ou de fragments de racines coupés par tronçons de deux à trois centimètres d'épaisseur et plantés en lignes en mars en les espaçant de 0m40 à 0m50 les uns des autres.

Les tiges de l'igname sont volubiles, il convient de leur donner de forts tuteurs. Ainsi disposées, elles produisent plus qu'en les laissant ramper sur le sol.

La récolte de l'igname ne peut être fructueuse qu'au bout de deux ans. La racine est annuelle, mais il ne faut l'arracher qu'à l'automne de la deuxième année. Comme la pomme de terre, elle meurt après avoir produit de nouveaux tubercules.

Les racines doivent être rentrées dans un endroit à l'abri de la gelée ; récoltées à la fin de l'automne, elles se conservent pendant six mois.

Laitues. — Plantes annuelles, et, d'après *le Bon Jardinier*, originaires d'Asie.

Ces plantes sont divisées en trois catégories : les laitues d'hiver, les laitues de printemps et les laitues d'été, se convenant toutes en terre bien préparée.

1º Les *laitues d'hiver* se sèment à la fin d'août ou au commencement de septembre, en pleine terre au midi, ou sur une vieille couche. On repique le plant en octobre. Cette opération n'est pas nécessaire quand les plants de laitues sont suffisamment espacés.

La plantation à demeure se fait en novembre sur une platebande placée le long d'un mur à bonne exposition et à 0^m30 de distance entre les plants. En cas de neige ou de forte gelée, il est utile de couvrir de paille. Après l'hiver, on donne de fréquents binages jusqu'au moment où les pommes commencent à se former. Récolte en avril et mai.

2° Les *laitues de printemps* doivent être semées en octobre sur une vieille couche. Il faut les repiquer également sur couche et sous châssis ou cloche, en ayant soin de les couvrir de litière pendant les fortes gelées et de leur donner de l'air chaque fois que la température le permet.

Dès les premiers jours de mars, on peut mettre ces laitues en place sur une couche tiède; à défaut de couche, on les plante un peu plus tard en pleine terre, après avoir répandu une petite quantité de terreau sur les rayons.

3° Les *laitues d'été* se sèment en pleine terre à partir du mois d'avril. On les repique en pépinière pour les planter ensuite. Les semis peuvent se continuer jusqu'au mois de juillet.

Les laitues de printemps et d'été demandent de nombreux binages et de fréquents arrosements.

Fig. 36. Romaine pomme en terre.

Variétés d'hiver : *Laitue de la Passion, Laitue brune d'hiver, Laitue morine.*

Variétés de printemps : *Laitue Gotte,* spécialement pour châssis ou cloche, *Laitue palatine, Laitue crêpe.*

Variétés d'été : *Laitue blonde de Berlin, Laitue grosse brune.*

On cultive les *Romaines,* ou *Chicons,* comme les laitues de printemps et d'été. Variétés : *Romaine blonde, Romaine verte* et *Romaine pomme en terre.*

Pour recueillir des graines, on choisit les plus beaux pieds de chaque variété qui, à cet effet, doivent être plantés isolément. Récolte à la fin de l'été.

Les graines se conservent pendant deux ans.

Mâche. — Plante annuelle, indigène.

Semis à la volée en août et septembre, en toute terre et à toute exposition. On recouvre légèrement la graine. On cultive deux variétés : la *Mâche à feuilles rondes* et la *Mâche d'Italie*.

Melon. — Plante annuelle, d'Asie.

Dans toute la zone tempérée, les melons ne viennent bien que sur couche et et sous châssis.

En culture ordinaire, les premiers semis se font en mars. (Les primeuristes sèment leurs premiers melons en janvier pour récolter en mai. En semant en mars, sur une couche de 0^m60 de hauteur sur 1^m30 de largeur et sur une longueur proportionnée à l'importance du semis, on peut avoir des fruits mûrs pour la fin de juin.)

Après avoir chargé cette couche de dix à douze centimètres de terreau bien criblé et exempt d'humidité, on la couvre de châssis. Quand la plus grande chaleur de la couche est passée et qu'elle se trouve réglée à 25 ou 30 degrés centigrades au-dessus de zéro, on trace sur le terreau de petits rayons peu profonds sur lesquels les graines sont semées en les espaçant de 0^m08 l'une de l'autre en tous sens ; il faut les recouvrir de deux à trois centimètres de terreau qu'on a soin de presser légèrement avec le dos de la pelle. Ensuite le semis est couvert de châssis qu'il est indispensable de garnir de paillassons pour concentrer la chaleur.

Dès que les plantes sont bien levées, il faut enlever les paillassons pendant une partie de la journée et les remettre pour la nuit. A mesure que les melons se développent, on leur donne un peu d'air en soulevant les châssis quand le temps le permet.

Il est essentiel d'entretenir la chaleur de la couche. A cet effet on l'entoure d'un réchaud de fumier neuf bien tassé et monté jusqu'à la hauteur des châssis.

On repique les melons à 0^m42 les uns des autres quand leurs premières feuilles sont développées, en les enterrant jusqu'aux cotylédons, puis ils sont arrosés légèrement et on couvre les châssis de paille pour les préserver du soleil jusqu'à ce que la reprise soit assurée. Lorsqu'ils sont bien repris, on tient les châssis découverts pendant le jour et on donne un peu plus d'air sans jamais manquer de couvrir le soir. Le repiquage doit être fait sur une couche neuve et préparée plusieurs jours d'avance; il peut aussi avoir lieu sur la couche qui a servi à faire le semis en ayant soin de renouveler le réchaud afin d'entretenir une température suffisamment élevée.

Lorsque les melons ont produit quatre ou cinq feuilles, on les étête en ne conservant que les deux premières feuilles qui se trouvent au-dessus des cotylédons. Il convient de couvrir la plaie résultant de cette opération d'une pincée de ciment bien pulvérisé.

Quelques jours après l'étêtage, les plantes sont ordinairement assez fortes pour être mises en place à demeure. Cette plantation se fait sur une couche préparée huit ou dix jours d'avance, haute de 0ᵐ50 à 0ᵐ60 et couverte de 0ᵐ15 de terreau, mélangé d'un tiers de bonne terre bien criblée. Lorsque la température de cette couche est réglée, on enlève les melons de la pépinière, soit en se servant d'un emporte-pièce, soit avec les mains en ayant soin de ne pas les émotter, puis on les plante au milieu de la couche à 0ᵐ80 l'un de l'autre en les enterrant jusqu'aux premières feuilles. Il faut tasser un peu la terre autour des racines, arroser ensuite, remettre les châssis et couvrir de paillassons. Quand les melons sont repris, on découvre les châssis et l'on donne de l'air pendant une partie de la journée. Il est essentiel de couvrir chaque soir jusqu'à la fin de mai. A partir de cette époque, il faut donner beaucoup d'air aux melons, mais on ne doit enlever complètement les châssis qu'à la fin de juin.

Par suite de la première taille ou étêtement au-dessus de deux feuilles, il se produit deux branches latérales qu'on dirige à l'opposé l'une de l'autre. Quand ces branches sont suffisamment développées, on les taille au-dessus de la quatrième feuille afin d'obtenir de nouvelles ramifications qui sont taillées à leur tour au-dessus de la quatrième feuille. C'est le moment de garnir la surface de la couche d'un paillis de fumier de cheval à moitié consommé.

Après l'application de ces opérations on doit laisser les branches prendre tout leur accroissement; toutefois, il est essentiel de les diriger de façon à ce qu'elles ne s'entrecroisent pas et à éviter la confusion.

Les fleurs mâles apparaissent les premières; les fleurs femelles viennent ensuite, ce sont elles qui produisent les fruits. Dès qu'un melon atteint la grosseur d'une noix, on supprime par un pincement l'extrémité de la branche sur laquelle il se trouve, à deux feuilles au-dessus du fruit. On laisse ordinairement trois ou quatre fruits par pied, à moins qu'on ne veuille en récolter de très gros; dans ce cas il ne faut en conserver que deux ou même qu'un seul. Il est bon d'établir un réchaud de fumier neuf autour de la couche quand les fruits commencent à paraître.

Les arrosements doivent être donnés avec beaucoup de ménagement pendant le premier âge des melons; il faudra se servir d'eau exposée depuis plusieurs jours aux influences atmosphériques. On ne doit pas arroser au moment où les fruits se forment, dans la crainte de les faire couler, mais lorsqu'ils sont assurés; si le temps devient sec et chaud, les arrosements deviennent indispensables; ils doivent être abondants quand les melons sont arrivés à moitié de leur grosseur.

Fig. 37. Melon-cantaloup prescott hâtif.

Les autres soins consistent à détruire les herbes qui se produisent sur les couches, à supprimer les feuilles sèches, à placer des planchettes ou des tuiles sous les fruits pour éviter la pourriture qu'ils pourraient contracter au contact du sol et à faire la chasse aux limaçons.

On peut semer des melons pendant tout le mois d'avril et le commencement de mai pour

Fig. 38. Melon-cantaloup prescott fond blanc.

récolter en août et septembre. A cette époque, il suffit d'établir des couches de 40 à 50 centimètres de hauteur; il est rarement nécessaire de les entourer de réchauds, et si l'on ne peut disposer de châssis (*ce qui est toujours préférable*), on les couvre

de cloches en verre, à 80 centimètres les unes des autres, puis on plante un pied de melon par cloche, en ayant soin d'ombrer, de donner de l'air et de suivre le mode de culture indiqué précédemment.

Les melons sont parfois attaqués par un puceron noir qui cause de grands dommages aux plantations. Pour les débarrasser de ces insectes, il faut répandre sur les feuilles des melons une forte infusion de tabac. L'emploi de la nicotine dans la proportion d'un litre pour dix litres d'eau produit aussi un très bon résultat.

Les meilleures variétés sont : le *Melon cantaloup prescott hâtif*, le *Melon cantaloup gros prescott fond blanc*, le *Melon cantaloup à chair verte* et le *Melon d'Italie à chair verte*.

Navet.— Plante bisannuelle, indigène.

Les premiers semis de navets se font au printemps en bonne terre : on choisit en ce cas le *Navet blanc hâtif*, mais il arrive presque toujours que les navets semés à cette époque sont fibreux et de médiocre qualité. Ce sont les semis d'été qui donnent les meilleurs résultats. On peut les faire en toute terre en ayant soin de peu recouvrir la graine. Quand les plants lèvent ils sont le plus souvent trop serrés, il faut les éclaircir en les espaçant de 8 ou 10 centimètres en tous sens.

Aux approches de l'hiver, les navets sont arrachés; quand ils sont bien secs, on coupe les feuilles au-dessous du collet, puis ils sont rentrés dans un endroit à l'abri de la gelée.

Les navets porte-graines sont plantés au mois de mars dans un endroit isolé du jardin. La récolte se fait en été, la graine se conserve bonne pendant cinq ans.

Les meilleures variétés sont : le *blanc hâtif des Vertus* pour la première saison, le *Navet de Freneuse* pour l'été, le *Navet noir d'Alsace* et le *Navet de Meaux* pour l'hiver.

Oignon. — Les oignons les plus recommandables sont : l'*Oignon blanc*, l'*Oignon de Niort*, le *rouge* et le *blanc des Vertus*.

On sème les deux premières variétés à la fin d'août sur une vieille couche ou sur une bonne terre à l'exposition du midi. Il faut arroser le semis tous les deux jours; ils sont ordinairement assez forts pour être repiqués en octobre.

Le repiquage doit être fait en terre saine, légère, fumée de l'année précédente et préparée par un ou plusieurs labours. Après avoir tracé sur cette terre des rayons peu profonds et espacés de 11 à 12 centimètres, le plant est enlevé de la pépinière, on coupe l'extrémité des racines, puis les oignons sont mis en place en les espaçant de 10 à 12 centimètres l'un de l'autre sur les lignes en ayant la précaution de bien les assujettir et de ne pas trop les enfoncer. Il est indispensable de les arroser en pluie. Il n'y a plus ensuite qu'à détruire les mauvaises herbes et à donner quelques binages quand la terre devient trop tassée.

On récolte l'oignon blanc pendant les mois de mai et de juin.

L'oignon de Niort se repique de préférence en mars et en avril. Il donne ses produits en juillet et août.

L'oignon rouge et le blond des Vertus se sèment à la fin de février ou au commencement de mars dans un terrain préparé comme il a été dit ci-dessus. Le semis se fait à la volée et demande 180 grammes de graine par are. Il faut enterrer légèrement la graine avec le râteau, puis répandre sur le semis un peu de terreau qu'on a soin de fouler avec le dos d'une pelle. Quand les oignons sont assez forts, on les éclaircit en les espaçant de 8 à 10 centimètres les uns des autres. Sarclages, binages et arrosements au besoin. Lorsque les oignons sont arrivés aux trois quarts de leur grosseur, on couche les fanes avec le dos d'un râteau, opération qui a pour but de faire grossir les bulbes et d'accélérer leur maturité.

L'oignon semé en mars mûrit en août ou septembre; il convient de l'arracher alors et de le laisser pendant plusieurs jours sur le terrain, puis, quand il est bien sec, de le rentrer au grenier en l'étalant. On doit le couvrir de paille au moment des gelées.

Les oignons qu'on plante pour en recueillir des graines, sont mis en place au mois de mars. La graine qu'il faut laisser dans ses enveloppes se conserve bonne pendant deux ans.

Oseille. — Plante vivace, indigène.

Deux variétés sont admises dans les jardins : l'*oseille de Belleville* et l'*oseille vierge*.

Multiplication par semis qu'on fait au printemps en bordure,

10

ou par division des pieds; ce dernier mode est surtout applicable à l'oseille vierge qui donne peu de graines.

Persil.— Plante bisannuelle, de Sardaigne.

Le persil se sème en bordure au printemps, il produit pendant deux ans. Les graines qui se récoltent à l'automne, se conservent pendant trois ans.

Variétés cultivées : *Persil commun, Persil frisé nain.*

Pissenlit. — Chacun sait que le pissenlit vient dans les prés et le long des chemins. D'après M. Vilmorin, la culture de cette plante a pris une extension considérable ; on peut la faire blanchir comme la *chicorée sauvage*, en recouvrant les plates-bandes avec 5 ou 8 centimètres au plus de terre ou de sable. Semis en mai et juin, en lignes espacées de 20 centimètres en tous sens.

Les meilleures variétés sont : le *Pissenlit à larges feuilles* et le *Pissenlit amélioré très hâtif.*

Poireau. — Plante bisannuelle, d'Europe.

Semis en mars dans une terre préparée comme pour une culture d'oignon. Dès que les plantes couvrent la terre, elles demandent des arrosements fréquents et copieux. On plante les poireaux au plantoir en les enfonçant à 8 ou 10 centimètres de profondeur sur des lignes espacées de 12 centimètres et à douze centimètres les uns des autres. Avant de planter, il faut supprimer l'extrémité des racines et celle des feuilles en les réduisant à moitié de leur longueur.

On cultive deux variétés : *Poireau long* et *Poireau gros court de Rouen.*

Les poireaux qu'on réserve pour porte-graines ne doivent pas être arrachés, ils se développent au printemps de l'année suivante et donnent leurs graines au mois d'août. Laissées dans leurs capsules, ces graines se conservent bonnes pendant deux ans.

Pois.—Plante annuelle, du midi de l'Europe.

Nous divisons les pois en deux sections : les *pois à rames* qui sont les plus productifs, et les *pois nains* ou sans rames dont les produits sont de peu d'importance ; nous n'en parlons que pour mémoire.

Les premiers semis pour lesquels on choisit une variété hâtive se font en novembre, en pleine terre, à l'exposition du midi. Les planches sont composées de trois rangs espacés de 30 centimètres les uns des autres, puis on plante par touffes cinq à six pois à la distance de 20 centimètres sur les rangs. Quand les plantes ont atteint 7 ou 8 centimètres de hauteur, on leur donne un binage en formant un petit monticule de terre autour de chaque touffe. C'est le moment de mettre des rames qui permettent aux tiges de s'accrocher et de résister aux vents. Pour accélérer la maturité des pois, il est bon d'arrêter le développement des tiges par un pincement au-dessus de la cinquième ou sixième fleur. Il faut laisser sécher sur place les pois dont on veut recueillir des graines. Les semences se conservent dans les cosses. Elles sont bonnes pendant quatre ans.

Les meilleures variétés sont : le *Pois Michaux ordinaire*, qu'on peut semer avant l'hiver; le *Pois prince Albert*, le *Pois Michaux de Hollande*, qui conviennent pour les semis du printemps; le *Pois de Clamart* et le *Pois superlatif*, tous deux excellents et très productifs, sont employés pour les semis qui se font de mai à juillet.

Pomme de terre. — Plante vivace et annuelle, originaire d'Amérique.

Culture en terre légère, fumée de l'année précédente et préparée par un ou plusieurs labours.

Dans les jardins, les premières plantations en pleine terre se font en mars; on choisit les variétés hâtives, telles que la *Marjolain*, la *pomme de terre à feuilles d'orties*, la *pomme de terre Délices de Meaux*, en donnant la préférence aux tubercules entiers et de moyenne grosseur. On plante à 50 centimètres de distance en tous sens dans des trous de 10 à 12 centimètres de profondeur, en ayant soin de recouvrir les tubercules de 8 à 10 centimètres de terreau ou de bonne terre. Lorsque les plantes sont bien levées, on donne un binage en les rechaussant légèrement; un peu plus tard, quand les tiges se sont bien développées, il convient de pratiquer un second binage, puis de butter en formant un petit monticule de terre autour de chaque plante. La récolte a lieu à la fin de mai.

Ces premières plantations sont souvent compromises par les gelées du printemps. Pour en préserver les pommes de terre, il faut les couvrir de litière, le soir, quand le temps menace de gelée ; on découvre chaque jour pour recouvrir le soir jusqu'à ce que la température s'améliore.

On continue les plantations de pommes de terre pendant les

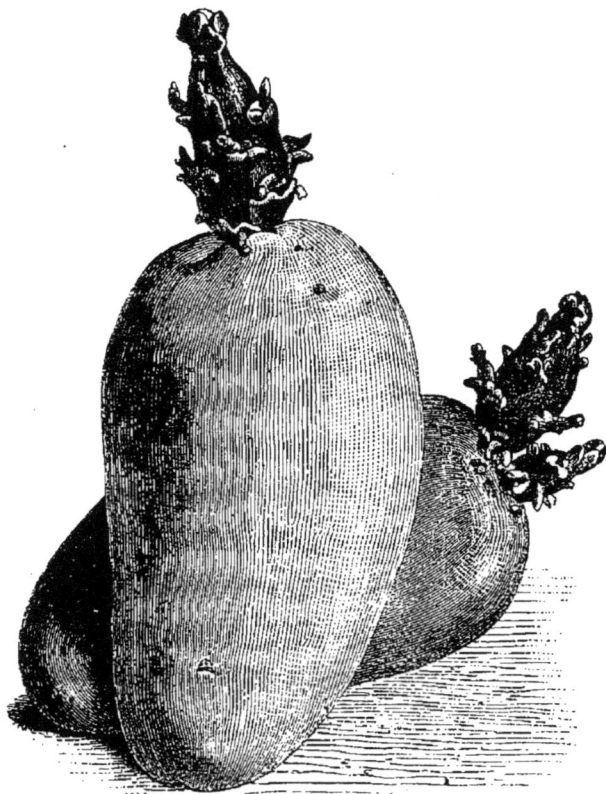

Fig. 39. Pomme de terre Marjolain.

mois d'avril et de mai en prenant des variétés un peu moins hâtives, mais plus productives. Nous ne saurions trop recommander pour cette saison, la *Royale Kidney* et la *Marjolain Têtard*, toutes deux excellentes et d'un bon rendement. Comme elles sont vigoureuses, il convient de les planter à 60 centimètres les unes des autres.

Il faut arracher les pommes de terre qu'on destine à la consommation par un beau temps, puis les rentrer, quand elles sont bien sèches, dans un endroit inaccessible à la gelée et à l'humidité, et les couvrir pour éviter le contact de l'air qui les fait verdir et nuit à leur bonne qualité.

Quant aux tubercules qu'on réserve pour planter l'année suivante, il convient de les placer près à près, mais de manière à ce qu'ils ne se touchent pas, sur des claies ou des planches dans un lieu suffisamment aéré et à l'abri de la gelée.

Radis.— Plante annuelle, de Chine.

Les meilleures variétés sont : le *Radis rose*, le *Radis demilong écarlate* et le *Radis noir*.

On sème les premiers à la volée au printemps et pendant une partie de l'été, soit seuls, soit dans les planches de carottes ou de poireaux ; il est bon de couvrir les graines d'un peu de terreau.

Le radis noir se cultive comme le navet ; semé en juillet, il se récolte en octobre ; on le conserve en cave jusqu'au printemps. Il faut couper les feuilles au-dessous du collet.

Salsifis. — Plante indigène, bisannuelle.

Culture en terre douce, riche d'engrais bien consommé. Labours profonds pour permettre aux racines de prendre tout leur développement. Semis au printemps, en rayons espacés de 12 à 15 centimètres. Binage et éclaircie des plants entre lesquels on doit laisser dix centimètres de distance. Récolte commençant en septembre et pouvant se prolonger jusqu'au printemps suivant.

Salsifis noir.— Salsifis noir ou scorsonère, d'Espagne.

Même culture que le précédent. Le plus souvent on ne l'arrache que la seconde année du semis dans le but de récolter de plus grosses racines. Cette plante résiste bien à la gelée.

On coupe les tiges des salsifis noirs lors de la première année de culture quand elles commencent à devenir ligneuses.

Les graines de salsifis ne se conservent bonnes que pendant un an.

Tomate.— Plante annuelle, originaire du Mexique.

Le semis se fait sur couche en avril. *Repiquage* également sur couche pour donner de la consistance au plant.

La mise en place se fait en établissant un seul rang, en bonne terre et près d'un mur à bonne exposition. Les tomates poussant avec une grande vigueur, il convient de les planter à la distance de 80 centimètres entre les pieds et de les soutenir à l'aide d'un

Fig. 40. Tomate rouge naine hâtive.

fort tuteur. On pince l'extrémité des tiges quand les premiers fruits apparaissent, puis on retranche une partie des feuilles et des bourgeons afin d'accélérer la maturité des fruits. En cas de sécheresse, arrosements fréquents et copieux.

Les graines se conservent bonnes pendant trois ans.

Variétés recommandables : *Tomate rouge grosse lisse, Tomate rouge naine hâtive*.

DES PLANTES PORTE-GRAINES

Il est très important de choisir pour porte-graines les plantes les plus remarquables dans chaque variété, en tenant compte de leur développement et surtout de leur bonne conformation.

Pour éviter les croisements et les dégénérescences qui en sont la suite, les sujets destinés à la reproduction de variétés de plantes appartenant non seulement à une même espèce, mais encore à une même famille, doivent être placés à des distances aussi éloignées que possible les unes des autres.

Partant de ce principe, les melons porte-graines d'une variété choisie ne doivent pas être cultivés dans le voisinage d'autres variétés de melons, et encore moins à proximité de courges, de concombres, etc. Il en est de même des choux, des carottes, des laitues, etc., dont on ne peut récolter de graines *franches*, c'est-à-dire non dégénérées, qu'en isolant les variétés.

ARBORICULTURE

—

L'arboriculture est, en général, l'art de cultiver, de multiplier et d'améliorer tous les arbres, soit forestiers ou d'alignement, soit d'ornement ou fruitiers.

Ici, nous ne devons traiter que de l'arboriculture fruitière, c'est-à-dire de celle relative aux arbres fruitiers qu'il convient de cultiver dans les jardins et vergers des régions tempérées, et qui sont : le poirier, le pommier, le pêcher, l'abricotier, le prunier, le cerisier et la vigne.

Avant d'entrer dans les détails sur chacun de ces arbres, il est nécessaire de donner quelques explications préliminaires sur la *plantation* et de donner la *définition*, au moins sommaire, des principales opérations de la *taille*.

CHAPITRE PREMIER

PLANTATION, DIRECTION ET TAILLE

La *plantation* comprend : la préparation du terrain, le choix des arbres, l'habillage et la plantation proprement dite.

Préparation du sol. — Cette opération à laquelle on ne saurait donner trop de soins, consiste à faire, six semaines ou deux mois avant l'époque de la plantation, un défoncement général du terrain, afin que l'air le pénètre, l'améliore et le rende plus meuble. Le défoncement général se pratique dans un terrain neuf et surtout le long des murs où l'on veut créer des espaliers. Ce défoncement ne doit pas avoir moins de 0^{m}80 à un mètre de profondeur sur une largeur de 2 mètres. Le plus souvent, on restreint ce travail en ouvrant des trous de 1 mètre de profondeur et de 1^m 50 à 2 mètres de diamètre.

Au moment de planter, on déposera au fond de chaque trou des gazons, l'herbe en dessous, puis on mélangera la terre extraite du trou avec du fumier de vache bien consommé et un tiers de terre argileuse pour les sols légers. Le fumier de cheval, les boues de ville, le gravier et même un peu de pierraille, peuvent servir au mélange pour les terrains argileux et compacts, parce qu'ils favorisent l'action de l'air en lui permettant de pénétrer le sol et d'arriver aux racines. Le trou sera rempli de ces matières jusqu'au milieu du sol environnant, en réservant seulement la place que doit occuper le pied de l'arbre.

Choix des arbres.—Il convient de se procurer des arbres sains, vigoureux, et dont le développement des racines est en rapport avec celui de la tige. On donnera la préférence aux arbres élevés dans le voisinage de l'endroit où l'on veut faire une plantation.

Plantation ou mise en place. — Dans les terrains légers ou de consistance moyenne, la plantation doit se faire, autant que possible, immédiatement après la chute des feuilles : mais on peut la continuer, quand il ne gèle pas, pendant tout le temps du repos de la végétation. On ne doit faire la plantation après l'hiver que dans les terres compactes et humides.

Au moment de faire la plantation, il est indispensable de préparer l'arbre en le soumettant à l'opération de *l'habillage.* Elle consiste à parer, à l'aide de la serpette, les plaies résultant de la rupture des racines au moment de l'arrachage ; la coupe se fait en dessous, de manière que la plaie soit bien en contact avec la terre, ce qui détermine une prompte cicatrisation et la sortie de nouvelles radicelles. L'habillage s'applique aussi aux branches ; on doit les raccourcir un peu, de manière à ce que leur développement soit en rapport avec celui des racines.

Ces dispositions prises, l'arbre est placé dans la position qu'il doit occuper, sur une couche de terre meuble assez élevée pour que le *collet*[1] de la racine se trouve à 3 ou 4 centimètres au-dessus du sol environnant, et de manière à ce qu'il soit complètement découvert. Lorsque l'arbre est mis dans cette

---

[1] Point d'où naissent la racine et la tige pour se développer en sens inverse.

position, on range avec les mains, dans leur sens naturel, les racines entre lesquelles on fait pénétrer de la terre friable, en évitant de donner au sujet planté des secousses de haut en bas, secousses qui ont pour effet de trop rapprocher les racines les unes des autres et de briser le chevelu. Le trou est ensuite comblé de manière que la terre la plus meuble se trouve autour des racines. On termine en foulant légèrement la terre avec les pieds. Quand on plante par un temps sec et en terrain léger, il est bon de mouiller copieusement le pied de l'arbre avec l'arrosoir à pomme.

Lorsqu'il s'agit de remplacer un arbre mort, il est indispensable d'apporter de nouvelle terre, et de renouveler complètement le sol où poussait cet arbre.

L'arbre en espalier doit être planté à 0m15 du mur, et assez incliné pour permettre de le fixer au treillage.

Dans un grand nombre de cas, et surtout quand la plantation n'a pu être faite qu'après l'hiver, il faut étendre sur la tige et sur les branches une sorte de bouillie composée de bouse de vache délayée dans une eau de chaux éteinte et mélangée d'un peu de cendre et d'argile.

Murs et treillages. — Le pêcher, l'abricotier, la vigne et certaines variétés de poiriers ne donnent des produits sérieux qu'autant qu'ils sont placés en espalier le long des murs. Ces murs doivent être élevés de 2m50 à 3 mètres, et recouverts d'un chaperon présentant une saillie de 0m 25 à 0m 30. Pour dresser et palisser les arbres, on se sert de treillages en bois disposés en carreaux de 0m 30 de hauteur sur 0m 25 de largeur.

Direction et taille. — Les arbres fruitiers abandonnés à euxmêmes sont très productifs; mais leurs produits sont loin de valoir ceux des arbres qui sont soumis à une culture rationnelle et à une *taille* bien entendue. Cette dernière opération est de la plus grande importance, et doit être appliquée à tous les arbres fruitiers en général et particulièrement à ceux dirigés en espalier.

On pratique la taille à deux époques différentes : 1° pendant le repos de la végétation, en commençant aussitôt après la chute des feuilles, pour continuer, s'il y a lieu, jusqu'à la fin de mars, en ayant soin de ne pas tailler pendant la gelée. C'est ce qu'on appelle la *taille d'hiver ;* 2° à partir de la fin d'avril, ou plutôt à l'époque où les bourgeons commencent à se développer, jusqu'au mois de septembre. C'est la taille d'été.

Les arbres les moins vigoureux seront taillés les premiers, afin qu'ils n'éprouvent aucune déperdition de sève. Ceux qui produisent peu et poussent vigoureusement seront taillés les derniers, c'est-à-dire quand la sève sera arrivée dans les bourgeons.

Les instruments qu'on emploie pour faire la taille sont : la serpette, le sécateur et l'égohine.

La *serpette* sert pour faire la coupe de toutes les branches de charpente ; les plaies occasionnées par cet instrument se recouvrent très facilement.

On emploie le *sécateur* pour tailler les branches à fruit. Quand on s'en sert pour de fortes amputations, il faut parer ensuite la plaie avec la serpette.

L'*égohine* ou *scie* est indispensable pour couper les tiges et les grosses branches ; il convient de bien parer les plaies et de les couvrir de mastic à greffer [1].

Opérations d'hiver. — Il est généralement admis que la taille d'hiver comprend comme opérations principales : la coupe des rameaux, le cassement, le rapprochement, le ravalement, le recepage, les entailles, les incisions et le dressage.

Coupe. — Cette opération se fait en biseau et à 2 ou 3 millimètres au-dessus d'un œil. On se sert de la serpette en plaçant la lame du côté opposé à l'œil qu'on veut réserver, en ayant soin de ne pas l'endommager ; sur la vigne dont le bois est spongieux, la coupe doit se faire à 2 centimètres au-dessus de l'œil.

Cassement. — Il s'agit ici de rompre les brindilles et certains rameaux des arbres fruitiers à pépins à 6 ou 7 centimètres de leur point d'attache. La rupture se fait en renversant sur la lame de la serpette le rameau qu'on veut opérer. Il en résulte une plaie qui ne se recouvre que difficilement; les yeux qui sont placés au-dessous se transforment presque toujours en boutons à fleurs. Le cassement n'est pas applicable aux arbres fruitiers à noyaux.

[1] Mastic L'homme-Lefort. Se trouve dans le commerce.

Rapprochement. — Cette opération consiste à réduire la longueur des branches de charpente quand un arbre devient languissant, ou qu'il est fatigué par une fructification trop abondante.

Ravalement.— Le ravalement est la suppression des branches de charpente à 8 ou 10 centimètres de leur insertion. On l'emploie sur les arbres dont on veut changer la variété. L'opération se fait en hiver ; puis, quand l'arbre commence à entrer en végétation, on applique une greffe sur chacune des branches ravalées.

Recepage. — Receper, c'est couper l'arbre à 10 ou 12 centimètres du collet de la racine. Cette opération s'emploie sur les arbres informes dont on veut rétablir la charpente. Il se produit toujours sur la tige recepée un certain nombre de rameaux vigoureux avec lesquels il est facile de reconstituer une forme régulière.

Entailles. — L'entaille se pratique à la fin de mars ; on enlève sur un point d'une tige ou d'une branche une partie d'écorce en entamant un peu l'aubier. Quand on veut faire développer une branche trop faible ou un bouton, l'entaille dirigée de haut en bas doit être pratiquée à 5 millimètres environ au-dessus de ces productions. Si, au contraire, on veut diminuer la vigueur d'une branche, l'entaille sera faite au-dessous et de bas en haut pour obliger la sève à se porter sur un autre point.

Cette opération, dont il ne faut pas abuser, ne peut être employée que sur des arbres plantés depuis deux ans au moins.

Incisions. — Deux sortes d'incisions sont pratiquées sur les arbres fruitiers : *l'incision longitudinale* et *l'incision annulaire*.

L'*incision longitudinale* consiste à ouvrir longitudinalement avec la pointe de la serpette, en la faisant pénétrer jusqu'à l'aubier, les endroits où l'écorce rugueuse, coriace et durcie est un obstacle à la circulation de la sève et empêche l'accroissement de la tige ou des branches. On se sert aussi de cette opération sur les arbres atteints par la gomme.

L'*incision annulaire* se fait en enlevant à la base d'une branche, un anneau d'écorce de 5 à 6 millimètres de largeur. Elle a pour but, en ralentissant le cours de la sève, de déterminer la mise à fruit de cette branche. On l'emploie particulièrement sur les sarments de la vigne dont elle accélère la maturité.

Dressage ou palissage d'hiver. Le dressage s'applique à tous les arbres et spécialement à ceux qui sont dirigés en espalier. Il consiste à fixer les branches sur des baguettes conductrices posées sur le treillage et indiquant la forme qu'on veut donner à l'arbre. Les branches doivent décrire des lignes parfaitement droites. Pour les palisser, on se sert d'attaches en osier; on aura soin de ne pas trop les serrer, afin de ne pas gêner la circulation de la sève.

Fig. 41. Rameau taillé (page 179).

Opérations d'été. — Pendant le cours de la végétation, les arbres sont soumis à l'*ébourgeonnement*, au *pincement*, au palissage d'été, et à la taille en vert.

Ébourgeonnement. — Ébourgeonner, c'est faire la suppression les bourgeons inutiles, quand ils ont acquis 2 ou 3 centimètres de longueur ; on les retire près de l'écorce à l'aide de la serpette. Il faut considérer, comme étant inutiles, tous les bourgeons qui se trouvent placés sur le devant des branches de charpente des arbres en espalier, et tous ceux qui, trop rapprochés les uns des autres, nuisent au libre accès de la lumière qui doit arriver sur toutes les productions de l'arbre. Cette importante opération est surtout employée sur les rameaux du pêcher; nous en reparlerons en traitant spécialement de cet arbre.

Pincement. — Le pincement s'opère en retranchant avec les ongles, ou à l'aide de la serpette, la cime d'un jeune rameau, quand il est encore à l'état herbacé. On pratique cette opération dans le but d'arrêter momentanément l'accroissement en longueur des rameaux et des brindilles du poirier, et des branches à fruit du pêcher, afin de déterminer leur mise à fruit en obligeant la sève à se porter sur les yeux de la base.

Le pincement sert aussi à équilibrer la végétation des diver-

11

ses productions, de façon qu'elles soient à peu près du même degré de force.

On pince les jeunes rameaux des arbres à fruits à pépins, quand ils ont 15 ou 16 centimètres de long, en les réduisant à 12 centimètres. Sur le pêcher, le pincement se pratique à 20 centimètres au-dessus du point d'insertion des rameaux destinés à former des branches à fruit.

Palissage d'été.— Chacun connaît cette opération, qui consiste à attacher les rameaux et les bourgeons sur un treillage à l'aide de liens en jonc, de manière à ce que ces productions soient espacées aussi régulièrement que possible et soumises à l'influence de l'air et de la lumière.

Il ne faut palisser les rameaux que quand ils ont acquis 20 à 25 cent. de longueur. Tous les rameaux seront attachés séparément pour éviter la confusion, en ayant soin toutefois de fixer les plus forts plus près du treillage. Il y a même souvent avantage à n'attacher les plus faibles que lorsqu'ils sont suffisamment développés.

Le palissage d'été doit donc être exécuté en plusieurs fois ; son application, comme celle de l'ébourgeonnement et du pincement doit suivre l'accroissement plus ou moins grand des rameaux et des bourgeons.

Taille en vert. — Elle se pratique sur la branche à fruit du pêcher et de l'abricotier, quand les fruits viennent à disparaître par une cause quelconque avant leur maturité. On rapproche alors la branche sur les deux premiers yeux de la base. Pour le pêcher, la taille en vert n'a pas d'époque fixe ; toutefois on la fait le plus souvent en juin.

Cette opération est également applicable aux arbres à fruits à pépins ; elle s'emploie depuis la fin d'août jusqu'à la fin de septembre, en taillant au-dessus des 4 ou 5 premières feuilles de la base, les brindilles et les rameaux, à l'exception de ceux qui prolongent les branches de charpente.

CHAPITRE II.

Poirier. — Le poirier vient parfaitement bien et donne de très bons résultats dans toute la région tempérée du nord et du centre de la France. Il préfère à tout autre, un sol profond, un peu argileux et de bonne qualité.

On greffe cet arbre sur trois sortes de sujets : le *poirier franc*, le *cognassier* et l'*aubépine*.

Le *poirier franc* ou sauvageon vient spontanément dans les bois et dans les haies ; mais on se le procure généralement en semant des pépins qu'on trouve dans le marc de poires.

C'est cette sorte de sujet qui produit les arbres les plus robustes. Il vient dans tous les terrains même médiocres. On l'emploie pour former des arbres à haute tige, et pour recevoir la greffe des variétés peu vigoureuses.

Le *cognassier* ne prospère que dans les terrains de bonne qualité. Il est moins robuste que le poirier franc. Les poiriers greffés sur cognassier conviennent pour les plantations en espalier et pour les cordons en plein vent ; ils produisent plus tôt et donnent de plus beaux fruits que ceux qui sont greffés sur franc, mais ils s'épuisent plus vite.

Les poiriers greffés sur *aubépine* ou *épine blanche* produisent abondamment pendant 5 ou 6 ans ; ils prennent peu de développement, s'épuisent en peu de temps et ne peuvent servir que pour faire des cordons.

Les principales productions du poirier sont la tige, les rameaux, les brindilles, les dards, les lambourdes, les bourses, les boutons à fleurs, les boutons à bois et les yeux.

La *tige* part du collet de la racine et, s'élevant dans l'air, sert de support à des ramifications appelées branches.

Les *rameaux* sont les pousses les plus vigoureuses que peut produire un arbre dans le cours d'une année. Ils sont ordinairement placés à l'extrémité des branches et autour de la tige ; on en trouve aussi sur le dessus des branches de charpente. Les plus gros rameaux portent le nom de *gourmands*.

Les *brindilles* sont des pousses flexibles, grêles, longues de

10 à 30 centimètres, moins bien constituées que les rameaux ; elles se trouvent en grand nombre sur le poirier.

Les *dards* sont des productions d'un aspect épineux, longues de 4 à 12 cent., placées à angle droit sur la branche qui leur sert de support. Les dards se transforment ordinairement en boutons à fleurs au bout de trois ans.

Les *lambourdes* se distinguent des autres productions en ce que leur base, rugueuse et cassante, est garnie de rides circulaires. Lorsqu'elles se montrent, elles ont 1 à 2 cent. de long ; en vieillissant, elles se ramifient et peuvent atteindre 15 à 20 centimètres. Les lambourdes sont presque toujours terminées par un ou plusieurs boutons à fleurs.

Les *bourses* sont les points d'attache ou se trouvent les fruits au moment de la récolte ; on les reconnaît à leur constitution charnue, spongieuse et tendre ; elles sont renflées vers le milieu et brusquement tronquées à leur extrémité.

Boutons à bois ou à feuilles. Ce sont de petits corps coniques de couleur brune, terminés en pointe à leur extrémité, produisant du bois et pouvant également se transformer en boutons à fleurs.

Boutons à fleurs. Ces derniers se distinguent des boutons à bois en ce qu'ils sont plus gros et plus ronds, et qu'ils entrent en végétation quinze jours ou trois semaines avant eux.

Yeux. On désigne sous ce nom, les petits boutons écailleux qui se trouvent à l'aisselle des feuilles et à l'extrémité des rameaux. Ces derniers yeux sont beaucoup plus gros et mieux constitués ; on les appelle yeux terminaux.

Tous les yeux du poirier sont accompagnés de deux *sous-yeux*, qui peuvent remplacer l'œil principal s'il vient à disparaître. Les rameaux, les brindilles et les dards portent aussi des sous-yeux à leur base.

Taille. — Les rameaux qui terminent les branches de charpente sont taillés en raison de leur vigueur, c'est-à-dire que plus l'arbre est fort et bien poussant, plus on doit allonger ses rameaux ; par contre, si l'arbre est faible, on devra le tailler court. Si une branche est faible relativement à l'ensemble de l'arbre, on ne taillera pas son rameau de prolongement. Il est donc difficile de dire positivement à quelle longueur il convient de tailler les rameaux qui terminent les branches ; le plus souvent il faut retrancher le tiers où la moitié de leur longueur totale. Quand les rameaux se trouvent placés sur le dessus des branches de charpente, on les supprime en les taillant à deux ou trois millimètres de leur point d'attache.

Les *brindilles* sont cassées le plus près possible de leur point d'insertion sur la branche, près d'un œil bien constitué.

Les *dards* ne sont pas soumis à la taille puisqu'ils se transforment d'eux-mêmes en boutons à fleurs. Cependant, quand un dard est placé à l'endroit où l'on doit faire la section d'une branche, il faut le retrancher sur les sous-yeux de sa base, afin que le prolongement de la branche se développe en ligne droite. Le dard, se trouvant placé à angle droit sur la branche, donnerait lieu à un coude, c'est pourquoi on le supprime.

Si les *lambourdes* ne portent qu'un bouton à fleurs, il faut éviter de les tailler ; mais quand elles sont composées d'un certain nombre de ces boutons, il ne faut en conserver que deux au plus, en choisissant toujours les plus rapprochés de la branche qui les porte.

La taille des *bourses* consiste à couper, avec la serpette, l'extrémité de ces productions, au-dessous de l'endroit où se trouvait le fruit.

Il n'y a pas lieu de tailler les boutons à bois ; ils s'allongent peu et finissent souvent par se transformer en boutons à fleurs.

On ne taille pas non plus les boutons à fleurs. Il arrive souvent que les branches des sujets nouvellement plantés en sont entièrement garnies, ce qui est très préjudiciable à l'avenir de l'arbre. Quand ce cas se présente, on doit laisser ces boutons jusqu'au moment de l'épanouissement ; or, comme il y a toujours un ou deux boutons à feuilles au milieu d'un bouton à fleurs, on supprime ces derniers, pour ne conserver que les boutons à bois.

Les *yeux* du poirier sont soumis à l'*éborgnage*, opération qui se fait en enlevant avec les ongles les yeux qui sont placés sur le devant des branches des arbres en espalier.

Formes applicables au poirier.— On dirige le poirier en espalier et en plein-vent.

Un *espalier* est une plantation d'arbres dressés le long d'un mur ou d'un treillage.

La plantation en *plein-vent* diffère de la première en ce que les arbres, placés souvent à une assez grande distance des murs, subissent l'action du vent de tous les côtés.

Formes en espalier. — Les formes les plus recommandables pour espalier sont : la *palmette à tige simple,* la *palmette candélabre* et le *cordon vertical à double tige.*

Palmette à tige simple. Cette forme est composée d'une tige verticale de laquelle naissent, à droite et à gauche, des branches de charpente disposées obliquement par étages espacés de 25 à 30 centimètres les uns des autres. Les deux premières branches latérales doivent être placées à 30 centimètres du sol. Un espace de 30 centimètres doit également exister entre le dernier étage et le chaperon du mur. Enfin, les branches de charpente seront simples et garnies en dessus et en dessous de productions fructifères, depuis leur base jusqu'à leur extrémité.

Avant tout, il est essentiel d'indiquer sur le mur, à l'aide de tringles en bois de sciage, ou de baguettes, la forme qu'on veut donner à l'arbre.

Pour diriger le poirier sous cette forme, on se sert d'un jeune sujet d'un à deux ans de greffe; si la base de cet arbre est dépourvue de ramifications, on retranche la partie supérieure de la tige sur trois yeux placés à 30 ou 35 centimètres au-dessus du sol. L'œil qui se trouve immédiatement au-dessous de la coupe, et qui doit produire le prolongement de la palmette sera choisi en avant; les deux yeux latéraux qui se trouvent ensuite à droite et à gauche de la tige produiront les deux premières branches de charpente.

A mesure que les rameaux se développent, on les palisse; celui du milieu, qui prolonge la tige, est dirigé verticalement à l'aide d'un support placé derrière l'arbre ; on palissera les deux autres en leur faisant suivre une ligne oblique assez rapprochée de la verticale, position favorable pour qu'ils se constituent vigoureusement. Il faut surveiller l'accroissement de ces deux rameaux, afin qu'ils soient d'égale force. Si l'un d'eux poussait plus que l'autre, on ralentirait son développement en pinçant son extrémité et en l'abaissant un peu horizontalement pour gêner la circulation de la sève.

Dans le cas où le jeune arbre aurait été pourvu à sa base de deux branches latérales convenablement placées, il y aurait tout avantage à se servir de ces branches : ce serait une année gagnée pour la formation de la palmette.

Deuxième année. — On taille la tige sur un œil placé en avant ou en arrière à 10 ou 15 centimètres au-dessus du premier étage de branches latérales. Quant à celles-ci, il faut supprimer le tiers environ de leur longueur totale, en taillant sur un œil de devant ou de drrière ; on peut aussi faire la coupe sur un œil en dessous, mais jamais sur celui de dessus parce qu'il donnerait lieu à un coude trop prononcé. Il convient d'incliner un peu ces branches en les éloignant de la verticale.

En procédant comme nous venons de l'indiquer, nous employons l'espace de deux années pour former le premier étage ; si nous agissons ainsi, c'est que cet étage ne peut jamais être trop fort, et que le plus souvent, quand on en fait développer un second lors de la deuxième année de taille, la sève tendant toujours à monter, il en résulte un état de faiblesse qui se produit presque toujours sur les branches les plus inférieures, quand elles ne sont pas suffisamment bien constituées.

Pendant le cours de la végétaton, on fera l'application des opérations d'été, dont la définition a été donnée au chapitre précédent.

Troisième année. — Pour former le deuxième étage, on opère comme pour la première année, c'est-à-dire que l'on coupe la tige à 30 centimètres au-dessus des premières branches latérales, en choisissant, comme précédemment, un œil en avant ou en arrière pour prolonger la tige ; les deux boutons latéraux, qui viennent ensuite au-dessous de cet œil, donneront lieu au deuxième étage de branches.

Le rameau de prolongement des branches composant le premier étage sera taillé aux deux tiers de sa longueur. Les productions telles que brindilles, dards, etc., qui auront fait leur apparition, seront soumises aux opérations qui leur sont applicables (Voir les opérations d'hiver.)

Quatrième année. — Il faut tailler comme précédemment la palmette à 30 centimètres au-dessus du second étage, dans le but de lui faire produire deux nouvelles branches latérales et celle qui doit servir au prolongement de la tige.

On continue ainsi chaque année le même mode de taille jusqu'à ce que l'arbre parvienne au sommet du mur. Lorsqu'il y est arrivé, on supprime l'extrémité de la tige près du dernier étage de branches, en réservant un espace de 25 à 30 centimètres entre cet étage et le sommet du mur.

Observations. — Vers la quatrième ou la cinquième année, les premières branches latérales sont ordinairement assez fortes pour être palissées sur la ligne oblique qu'elles ne doivent plus quitter. On les incline donc, en évitant de les trop rapprocher de la direction horizontale qui pourrait les affaiblir. Lorsque les autres branches se développent, on les soumet à ce traitement, en les disposant de manière à ce que le même espace existe entre chaque étage.

A mesure que l'arbre grandit, il se garnit de rameaux fructifères et autres. Nous avons déjà dit comment il convenait de diriger ces diverses pousses. Toutefois, nous ajouterons qu'on doit, en les taillant, tenir compte du mode de végétation de l'arbre et aussi de la variété à laquelle il appartient, ce qui oblige parfois à tailler et à pincer relativement long les productions fructifères de plusieurs variétés, telles que le Bon Chrétien-d'hiver, le Beurré magnifique, la Crassane, etc.; mais, dans le plus grand nombre de cas, les brindilles, lambourdes, etc., sont rapprochées le plus près possible de la branche de charpente, pour favoriser l'accroissement du fruit.

Enfin, lorsque par suite de négligence, un des côtés de la palmette devient plus fort que l'autre, il en résulte toujours pour l'arbre une forme désagréable. Il suffit, pour remédier à cet état de choses, de palisser horizontalement le côté fort, très près du treillage, et de redresser le côté faible, en l'éloignant du mur, afin que ses productions reçoivent l'air et la lumière de tous les côtés.

La distance à laquelle il convient de planter les poiriers en palmette varie selon la hauteur des murs, la qualité du terrain et la nature des sujets (franc ou cognassier) ; toutefois, nous admettons, comme la plus convenable, une distance de 5 à 6 mètres entre les arbres plantés le long des murs de 2m,70 de hauteur.

Palmette candélabre ou à branches verticales. — Cette forme diffère de la précédente en ce que les branches, au lieu d'être obliques, sont dirigées d'abord sur une ligne horizontale plus ou moins développée, suivant l'espace qu'on veut garnir ; puis, quand elles sont arrivées au point qu'elles ne doivent pas dépasser, on leur fait décrire une courbe pour les dresser verticalement le long du mur.

Pour obtenir cette forme, on emploie les moyens indiqués pour l'établissement de la palmette à branches obliques, en ayant soin de couder les branches quand elles sont encore assez flexibles pour ne pas se rompre.

Cette disposition convient pour des murs élevés de 2m,70 à 3 mètres au moins. Elle s'établit avec un nombre d'étages plus ou moins grand, en tenant compte de la largeur et de la hauteur de l'espace qu'on veut garnir.

Cordon vertical en U, ou à deux branches. — On dirige le poirier sous cette forme, en taillant l'arbre âgé d'un à deux ans, à 15 centimètres au-dessus de la greffe et sur deux yeux placés à droite et à gauche de la tige. Ces deux yeux donneront naissance à deux rameaux, qu'on dirigera verticalement après leur avoir fait décrire une courbe à la base. Un espace de 30 centimètres doit exister entre chaque branche. Comme ces branches ne sont garnies sur leurs côtés que de productions fruitières, il suffit chaque année, au moment de la taille d'hiver, de supprimer le quart environ de leur rameau terminal, sur un œil placé devant ou derrière la tige. Les opérations d'été s'appliquent à cette forme comme aux autres.

Les arbres dirigés en cordon vertical à deux branches doivent être plantés à 70 centimètres les uns des autres. Il convient de les placer le long de murs élevés de 2m,80 à 3m,50.

On peut employer ces trois formes pour des arbres en plein vent, à l'aide d'appareils munis de treillages en bois ou en fil de fer.

Formes en plein vent. — Les formes en plein vent les plus usitées sont la *pyramide* et le *goblet* ou *vase*.

Pyramide. — Cette disposition consiste en une tige verticale autour de laquelle sont insérées des branches de charpente figurant un cône, c'est-à-dire que leur longueur diminue progressivement à mesure qu'elles se rapprochent du sommet de l'arbre. Ces branches sont placées, à partir de 30 centimètres au-dessus

11.

du sol, par séries de cinq, avec un espace de 35 centimètres entre chaque série. Elles doivent être garnies de productions fructifères sur toute leur longueur, et ne pas présenter de bifurcations.

Établissement de la forme. — Soit un jeune sujet d'un à deux ans de greffe ; on coupe la tige, au mois de février, à 45 centimètres du sol, sur un œil placé à l'opposé de la greffe afin de donner à la tige une direction verticale. Par suite de cette opération, il se produit bientôt un certain nombre de bourgeons, parmi lesquels on en choisit cinq des mieux placés (sans compter le bourgeon terminal, qui doit continuer la tige), pour former la première série de branches de charpente. Tous les autres bourgeons sont supprimés de façon à réserver un espace de 30 à 35 centimètres entre le niveau du sol et les premières branches. Il est bon d'appliquer un tuteur le long de la tige pour soutenir et diriger le rameau de prolongement. Les cinq bourgeons réservés autour de la tige se développeront en rameaux. Ces productions doivent présenter le même degré de force. On obtient ce résultat en *pinçant* l'extrémité des rameaux qui prennent un accroissement trop considérable en longueur.

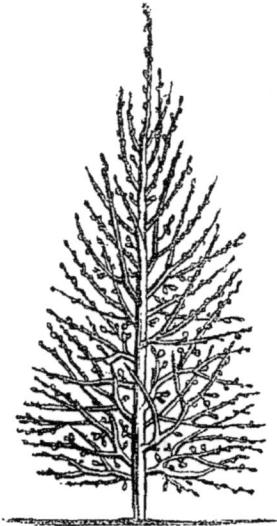

Fig. 42. Pyramide.

Deuxième année. — Il s'agit d'obtenir une deuxième série de branches. A cet effet, la tige est taillée à 40 ou 45 centimètres au-dessus de la première série ; la coupe est faite sur un œil opposé à celui sur lequel on a taillé l'année précédente. Cet œil donne lieu au nouveau prolongement de la tige. Parmi les bourgeons qui se produisent au-dessous, on en conserve cinq qui, en se développant, formeront la seconde série de branches de charpente.

La taille des branches composant la première série se pratique en retranchant le tiers environ de leur longueur totale, en ayant soin de tenir celles de la base un peu plus longues. On fait la coupe sur un œil situé en dessous, afin que le rameau auquel il donnera lieu décrive une ligne oblique.

A partir du mois de mai, il est souvent nécessaire de pratiquer le pincement sur l'extrémité des rameaux les plus vigoureux pour maintenir l'équilibre entre les branches.

Dans le cas où l'arbre aurait peu poussé, il ne faudrait pas le tailler dans le but de lui faire produire de nouvelles ramifications. Il conviendrait alors de raccourcir la tige à 20 centimètres au-dessus de la première série de branches, pour obliger la sève à se porter sur ce point. On emploirait ainsi deux années pour l'établissement de la base de l'arbre.

Troisième année. — La tige est taillée comme l'année précédente afin d'obtenir une troisième série de cinq branches et le prolongement de l'arbre. Les branches de la première et de la seconde série sont taillées en raison de leur vigueur ; on a soin de donner toujours plus de longueur aux rameaux qui prolongent les ramifications de la base. S'il s'est présenté quelques brindilles, lambourdes, dards, etc., on les soumet au traitement indiqué pour chacune de ces productions.

La quatrième taille et les suivantes, se font en renouvelant les mêmes opérations, en ayant soin, toutefois, de tailler un peu plus court les branches de la base vers la sixième ou la septième année de plantation.

Lorsque la pyramide est arrivée à son entier développement, le prolongement annuel des branches de la base doit être taillé tout près de son point d'insertion pour reporter l'action de la sève sur les productions fruitières.

Quand une ou plusieurs branches prennent un accroissement trop considérable relativement aux autres branches, il est essentiel de modérer cet accroissement en taillant court les branches fortes, tandis que les branches faibles sont taillées long, parfois même laissées de toute leur longueur.

Il arrive souvent que certaines branches sont trop rapprochées du tronc ; on doit les en éloigner à l'aide d'un arc-boutant, placé entre les branches et la tige. Quand, au contraire, les branches tendent à s'incliner vers le sol, on les redresse au moyen d'attaches en osier.

Les poiriers dirigés en pyramide doivent être plantés à 3 mètres les uns des autres, quand ils sont greffés sur cognassier, et à 4 mètres, lorsqu'il sont greffés sur franc. Un espace de 1ᵐ,30 sera observé entre le pied de la pyramide et le bord de l'allée le long de laquelle l'arbre est planté.

Vase ou gobelet.—Cette forme se compose, dit M. Laujoulet[1], « d'une tige plus ou moins longue, de l'extrémité de laquelle partent en rayons également espacés, des branches mères qu'on dirige d'abord presque horizontalement, puis qu'on redresse dans la direction verticale, en les faisant se bifurquer de distance en distance pour garnir le pourtour du vase. »

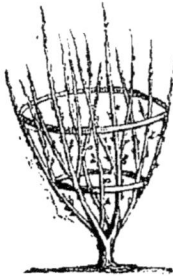

Fig. 43. Vase ou gobelet.

Les moyens à l'aide desquels on donne cette disposition aux arbres consistent à couper la jeune tige à la hauteur qu'on veut pour obtenir le développement de cinq ou six branches de charpente, régulièrement espacées. Lorsque ces branches ont atteint 35 à 40 centimètres de longueur, et qu'elles sont encore flexibles, il faut les incliner en leur faisant décrire une ligne oblique assez rapprochée de l'horizontale, sur une longueur de 25 centimètres, puis les diriger verticalement au moyen d'une courbe.

Il n'y a plus alors qu'à tailler tous les ans, sur un œil en dehors, le rameau de prolongement de chaque branche, en supprimant le tiers environ de sa longueur totale. Il convient aussi d'enlever les bourgeons de l'intérieur, et de dresser les branches sur des cerceaux, pour leur faire prendre la forme qu'on a résolu de leur donner.

S'il est nécessaire d'augmenter le nombre des branches de charpente pour garnir le pourtour du vase [2], on taille le rameau qui termine chaque branche à moitié de sa longueur sur deux yeux opposés et placés l'un à droite et l'autre à gauche du rameau. On obtiendra ainsi les bifurcations nécessaires pour compléter la charpente.

Liste des meilleures variétés :

Fruits d'été.—Beurré Giffard, Épargne ou Cueillette, Doyenné

---

[1] *Taille et culture des arbres fruitiers*, par Laujoulet.

[2] Les branches du vase sont à 30 centimètres les uns des autres.

de juillet, Beurré d'Amanlis, Bon-Chrétien Williams, Beurré-Spence.

Fruits d'automne. — Louise-Bonne d'Avranches, Beurré superfin, Beurré Clergeau, Beurré doré, Beurré Diel ou magnifique, Duchesse d'Angoulême.

Fruits d'hiver. — Bergamote crassane [1], Doyenné du comice, Beurré d'Aremberg [2], Passe-Colmar, Doyenné d'Alençon, Doyenné d'hiver [3], Passe-Crassane, Berganote Espéren.

Fruits à cuire. — Bon-Chrétien d'hiver [4], Martin-Sec.

Poiriers pour plein vent. Variétés locales. — Il se trouve communément, dans les cours et les vergers du département de l'Eure, un certain nombre de variétés de poiriers d'une fertilité remarquable, et dont les fruits de bonne qualité sont d'une grande ressource pour l'alimentation et pour l'approvisionnement des marchés, à cause de leur prix ordinairement peu élevé.

Nous indiquons ici les plus recommandables :

Marion. Excellente petite poire beurrée; maturité : octobre et novembre.

Argent (d'). Gros fruit, chair granuleuse de bonne qualité; maturité : octobre, novembre.

Hazé (de). Arbre extrêmement fertile, fruit de grosseur moyenne, très bon cuit et se conservant pendant une partie de l'hiver.

Cahier (de). Gros et beau fruit d'hiver, bon pour compotes.

Ces variétés, que nous ne trouvons dans aucun catalogue, ne se rencontrent guère que dans notre département [5]. Les arbres sont dirigés à haute tige et en plein vent. Dans les bonnes années, ils peuvent produire de deux à quatre hectolitres de poires.

[1-2-3-4] Ne donnent de bons fruits qu'en espalier.

[5] Elles sont en multiplication chez MM. Cordier pépiniériste à Bernay et Lapeltey, horticulteur à Évreux.

CHAPITRE III

POMMIER DE JARDIN

Cet arbre vient dans tous les terrains; toutefois il préfère une terre substantielle et de consistance moyenne.

On le greffe sur trois sortes de sujets, le pommier franc, le doucin et le paradis.

Le premier s'obtient par semis de pépins et sert à recevoir la greffe des arbres destinés à faire des hautes tiges pour les champs et les vergers.

Le doucin fournit des arbres de moyenne force; on l'emploie pour faire des pyramides, des vases et des cordons, dans les terrains de médiocre qualité.

Le paradis est le moins vigoureux des sujets. Comme le doucin, on le multiplie de marcottes; il convient pour former des pommiers nains en buisson, ou des cordons horizontaux. C'est le pommier greffé sur paradis qui produit les plus beaux fruits.

Le mode de végétation du pommier étant le même que celui du poirier, on le taille exactement comme ce dernier arbre. Il peut être dirigé en vase, en pyramide et en cordon horizontal à deux bras. Cette dernière forme, qu'on établit en bordure le long des plates-bandes, a l'avantage de produire un assez grand nombre de beaux fruits, dès la troisième année de plantation.

Pour donner cette disposition aux arbres, il faut choisir des pommiers d'un an d'écusson et les planter en ligne, à 3 mètres de distance, s'ils sont greffés sur paradis et à 4 mètres s'ils sont sur doucin. Il convient d'établir en même temps sur la ligne de plantation un fil de fer qu'on place horizontalement à $0^m,40$ au-dessus du sol. Chaque pommier est taillé à 30 ou 35 centimètres de la greffe, sur deux yeux latéraux placés à droite et à gauche de la tige pour obtenir deux branches qui seront dirigées horizontalement au moyen du fil de fer. Il faut avoir soin cependant de redresser obliquement l'extrémité de chaque branche, afin d'attirer la sève vers ce point, et d'éviter ainsi la formation de rameaux gourmands, qui se produisent presque toujours sur les coudes. Tous les ans, à l'époque de la taille d'hiver, on raccourcit un peu l'extrémité du rameau de prolongement de chaque bras. La coupe se fait sur un œil en dessous. Les autres productions telles que brindilles, lambourdes, etc., seront traités comme il a été dit à l'article Poirier. Il ne faut pas manquer d'appliquer à temps l'ébourgeonnement et le pincement, particulièrement sur les coudes.

Choix des meilleures variétés :

Fruits d'été. — Astracan rouge, Vignette, Transparente jaune, Reinette d'été, Rambour d'été, Calville rouge.

Fruits d'automne. — Grand Alexandre, Reinette dorée, Calville Saint-Sauveur, reinette de Bollwiller, de la Rouairie.

Fruits d'hiver. — Calville blanc, Reinette de Bretagne, Reinette franche, Reinette du Canada, Reinette d'Espagne, Reinette grise, Reinette de Caux, Reinette grise du Canada, Reinette Thouin, Pigeonnet d'hiver, Reinette de Lunéville.

Maladies des arbres à fruits à pépins. — Le poirier et le pommier sont fréquemment atteints par deux maladies qu'il importe de combattre : ce sont le *chancre* et la *chlorose* ou *jaunisse*.

Chancre. Cette maladie se produit sur la tige et sur les branches. Elle se manifeste par un gonflement spongieux de l'écorce, qui se déchire et donne souvent lieu à un épanchement de sève. Le moyen de combattre le chancre consiste à retrancher, avec une serpette bien affilée toute la partie malade (bois et écorce), et à recouvrir la plaie de mastic à greffer ou d'onguent de Saint-Fiacre (mélange d'argile et de bouse de vache).

Chlorose ou jaunisse. — Tous les arbres fruitiers, mais particulièrement le poirier, sont sujets à cette maladie. Elle est presque toujours causée par l'appauvrissement du sol, lorsqu'on néglige d'y apporter des engrais ; parfois aussi, elle est due à l'état souffreteux des racines, quand elles sont attaquées par les *mans* ou *vers blancs*.

Bien souvent, il suffit d'améliorer la terre qui entoure le pied de l'arbre, par des engrais bien consommés, pour que les feuilles reprennent leur couleur verte.

Dans le bulletin de la Société nationale d'horticulture de France
(septembre 1880), M. Vavin conseille l'emploi du sulfate de fer,
(couperose verte), pour combattre la jaunisse du poirier, en
semant à la volée, vers la fin de février ou au commencemeut de
mars, environ un kilogramme de sulfate de fer sur 10 mètres
de long et 1 mètre de large. Il recommande de ne faire aucun
labour, si ce n'est quelques binages à la fourche.

Insectes nuisibles. — *Tigre.* C'est un petit insecte ailé,
de couleur grise qui s'attache aux feuilles du poirier dont il se
nourrit, et qu'il désorganise au point de les faire tomber.

On détruit le tigre, après la chute des feuilles, mieux vers la
fin de février ou le commencement de mars, avec un mélange
composé moitié de fleur de soufre, un quart de savon mou et
un quart de chaux vive. On fait dissoudre le tout dans de l'eau
chaude, de façon à former une sorte d'enduit assez liquide pour
être appliqué snr les branches avec une brosse de peintre.

Le kermés s'attache aux branches en couches serrées formant
de petites rugosités, d'un rouge brun; il paralyse la végétation
des parties qui en sont attaquées. Pour le détruire, on se sert
d'une brosse très rude ou d'un grattoir. Ensuite l'arbre est lavé
avec de l'eau de tabac ou du savon noir, dissous dans l'eau, et
badigeonné avec un lait de chaux.

Culture et soins d'entretien. — La terre dans laquelle
sont plantés les poiriers, les pommiers et généralement tous
les arbres fruitiers, recevra dans le cours de l'année, particulièrement au printemps et à l'automne, plusieurs binages ou
petits labours très superficiels, de façon à ce que la surface du
sol soit constammeut meuble et exempte de mauvaises herbes.
Tous les deux ans, il sera bon d'incorporer dans cette terre, et
à une certaine distance du pied de l'arbre, soit des boues de
ville, bien pulvérisées, soit du fumier très consommé. Il faut se
garder de donner des engrais aux arbres dont il est difficile de
maîtriser la vigueur et qui sont généralement peu productifs.

Lorsque le temps devient sec et aride, un paillis fait d'une
litière quelconque (fumier long, herbes de rivière, feuilles de
fougères, etc.), sera appliqué sur les racines. Ajoutons qu'il
ne faut jamais se servir de la bêche quand on fait des labours
dans le voisinage des racines, et que les seules plantations qu'on

peut admettre au pied des arbres, sont quelques laitues ou scaroles.

Mousses et lichens. — (Voir comment on peut les combattre, au chapitre IV (pommier à cidre), page 203 ci-après.

CHAPITRE IV

POMMIER A CIDRE

La culture du pommier à cidre comprend le *semis*, la *plantation en pépinière*, la *greffe*, la *formation de la tige et de la tête*, *la plantation à demeure*, les *soins d'entretien*, *l'élagage* et la *récolte des pommes*.

Semis. — Les semis de pommiers se font en mars, dans une terre de consistance moyenne, plus légère que forte, et bien préparée par un ou plusieurs labours de la profondeur d'un fer de bêche. Cette terre a dû recevoir préalablement une bonne fumure d'engrais consommé.

Pour faire le semis, il faut se procurer du marc de pommes, le déposer dans un vase rempli d'eau, puis frotter le marc entre les mains, pour séparer les pépins de la pulpe qui les entoure. Les pépins qui vont au fond de l'eau sont ordinairement bons pour la reproduction. Ceux qui surnagent sont rejetés. Après avoir fait sécher les graines, ou les rentre dans un endroit à l'abri de l'humidité.

Quand la terre a été bien préparée, il faut, pour faire le semis : tracer des rayons à la distance de 40 centimètres les uns des autres, et profonds de trois à quatre centimètres; répandre les pépins dans ces rayons et les recouvrir de terre avec le rateau, puis tasser avec le dos d'une pelle et couvrir d'un léger paillis de litière sèche ou de vieux fumier, pour empêcher la terre de se durcir et pour la maintenir fraîche.

Après la levée des plants, il est nécessaire de les éclaircir s'ils sont trop rapprochés, de les biner, et de ne pas les laisser envahir par les mauvaises herbes. — Au bout d'un an ou de deux ans, les jeunes pommiers sont assez forts pour être plantés en pépinière.

Plantation en pépinière. — Bien qu'il soit possible d'élever le pommier dans tous les terrains, on doit cependant choisir pour l'établissement d'une pépinière, un sol d'une bonne qualité, moyennement argileux, et à sous-sol graveleux.

Quelle que soit la nature du terrain, il doit être préparé par un défoncement général de 40 à 50 centimètres, suivi d'un labour, et amélioré par une copieuse fumure.

Dans les terres bien cultivées, on peut se dispenser de défoncer ; deux labours profonds suffisent.

Il convient d'arracher le plant avec beaucoup de précaution afin de ne pas endommager les racines. Le meilleur mode de déplantation consiste à ouvrir une tranchée le long des lignes de semis, en creusant cette tranchée jusqu'au dessous des racines. Ensuite on enlève tous les jeunes pommiers et on choisit les mieux constitués pour les planter.

La plantation doit se faire autant que possible immédiatement après l'arrachage, et avant l'hiver, à moins que le sol ne soit trop humide ; dans ce cas, il serait préférable d'attendre au mois de mars.

Avant de planter, on raccourcira le pivot et les racines en supprimant environ le tiers de leur longueur. La même suppression doit être faite sur la tige, pour que cette partie de l'arbre soit en rapport de force avec la racine. Cela fait, on trace sur le sol des lignes espacées de 80 centimètres, et l'on plante les pommiers à 80 centimètres de distance sur les lignes. La plantation à la bêche est la meilleure ; elle permet d'étendre les racines et de les garnir de terre meuble. Il sera bon de donner ensuite un labour à la fourche entre les rangs, et un peu plus tard, de couvrir le sol d'un paillis. Enfin, il est essentiel de pratiquer en temps opportun les sarclages et les binages. Ces travaux d'entretien seront continués chaque année, jusqu'au moment où, les arbres, devenus assez forts, pourront être mis en place à demeure.

Formation de la tige. — On peut obtenir une tige bien droite et très vigoureuse au moyen de la greffe en écusson [1], qu'on applique

---

[1] Nous ne saurions trop recommander ce mode de multiplication ; c'est celui qui fournit les plus belles tiges ; malheureusement on ne peut l'employer que pour les variétés vigoureuses. Plusieurs bonnes sortes, telles que le *Bédant* la *Peau-de-vache*, ne donnent de bons résultats qu'autant qu'ils sont greffées en tête.

à 7 ou 8 centimètres au-dessus du pied des jeunes arbres, quand ceux-ci ont environ deux centimètres de diamètre à la base. On dispose la tige à cet effet, en supprimant les bourgeons et autres productions qui l'entourent, depuis le niveau du sol jusqu'à 30 centimètres de hauteur. C'est dans la première quinzaine d'août que se fait cette opération.

La tige des sujets qui auront été écussonnés en août, sera coupée, au mois de février suivant, à 3 centimètres au-dessus de l'écusson ; celui-ci donnera lieu à une nouvelle tige.

Lorsque les arbres doivent être greffés en tête, ou encore si l'on ne veut pas les greffer, on laisse la tige se développer sans employer l'écusson.

Dans l'un comme dans l'autre cas, voici comment il convient d'opérer.

Deux ans après la plantation, receper, au mois de février, tous les jeunes pommiers, à 5 centimètres du sol, à l'exception de ceux qui ont été écussonnés, pour obtenir une tige vigoureuse. Pendant le cours de la végétation, choisir et dresser le long d'un tuteur le plus beau des rameaux qui se seront produits après le recepage ; enlever tous les autres au ras de l'écorce avec la serpette.

Pour déterminer l'accroissement des tiges en grosseur et en hauteur, il convient de les laisser garnies de tous leurs bourgeons latéraux, pendant les premières années qui suivent celle de la plantation. Toutefois, comme le trop grand développement de ces productions pourrait nuire à celui du bourgeon qui prolonge la tige, elles devront être taillées en ne conservant que moitié ou environ de leur longueur.

Après trois années de plantation, on commence à retrancher quelques-uns des rameaux et des bourgeons produits sur la tige. Cette suppression se fera en plusieurs fois, parce qu'il est nécessaire de laisser un certain nombre de bourgeons qui servent à l'accroissement en diamètre de l'arbre.

L'enlèvement des productions latérales se fait ainsi :

Quatrième année de plantation. On dégarnit la tige de bas en haut jusqu'à 40 centimètres du sol.

Cinquième année. On continue à dégarnir sur une nouvelle longueur de 50 centimètres, tout en conservant les rameaux qui ne dépassent pas 15 centimètres.

Sixième année. Enlever les pousses latérales, jusqu'au point où doit commencer la tête de l'arbre, et conserver encore pendant un an un certain nombre de bourgeons.

Septième année. L'arbre est ordinairement assez fort pour être mis en place à demeure. Toutes les productions latérales sont coupées près de l'écorce.

La suppression complète des rameaux qui se trouvent autour de la tige doit se faire avec la serpette, en coupant de bas en haut, et de façon à conserver un petit empatement de deux à trois millimètres au point d'insertion du rameau sur la tige. En opérant ainsi, la plaie se recouvre en très peu de temps.

Au bout d'une période de six à sept années de culture, les pommiers qui n'ont pas été écussonnés doivent être assez forts pour être greffés en tête, au moyen de la greffe en fente.

On fait usage de ce moyen de reproduction quand la tige, haute de 2 mètres à 2m 30, présente à 1 mètre au-dessus du sol, une circonférence de 11 à 12 centimètres.

Formation de la tête. — La formation de la tête des pommiers qui ont été écussonnés en pied, comme celle des arbres qui ne sont pas greffés, s'obtient de la manière suivante : après six ans de culture en pépinière, la tige est coupée, en février, à la hauteur de 2m 20 au-dessus du sol; bientôt après, les yeux qui sont placés immédiatement au-dessous de la coupe donnent naissance à un certain nombre de bourgeons, parmi lesquels on en choisit cinq ou six des mieux placés autour de la tige, et l'on supprime tous les autres. Quant aux bourgeons conservés, on les maintiendra d'égale force, en pratiquant au besoin un pincement sur les plus vigoureux, s'ils prennent trop d'accroissement.

Lors de la taille d'hiver suivante, les branches[1] sont laissées de leur longueur ; elles constituent la charpente de l'arbre. Il faut autant que possible les soumettre à l'influence de l'air, et favoriser leur développement par l'application du pincement et du cassement sur leurs pousses latérales.

Le nombre de branches que nous avons indiqué est bien suffisant pour commencer la tête d'un arbre. Le pommier de haut jet produit beaucoup de rameaux, à l'aide desquels il est

---

[1] Au bout d'un an, le bourgeon, ou rameau, prend le nom de branche.

toujours facile, à mesure qu'il s'accroit, d'augmenter le nombre de ses branches de charpente.

Enfin, la tête d'un pommier peut être formée avec trois branches. En taillant chaque branche à 12 ou 15 centimètres de son point d'insertion, sur deux yeux placés à droite et à gauche, on obtiendra ainsi trois bifurcations et par conséquent six branches de charpente qui seront traitées comme il a été dit ci-dessus.

En formant la tête, il est essentiel d'ébourgeonner, à mesure qu'elles apparaissent, toutes les pousses qui se présentent le long de la tige.

Plantation à demeure.— Les plantations de pommiers se font le plus souvent : 1° le long des chemins et pour marquer la la limite des propriétés, 2° dans les vergers et dans les cours.

Dans le premier cas, les arbres sont plantés sur une seule ligne, de chaque côté du chemin, et à 12 mètres de distance les uns des autres.

Dans le second, la plantation d'un verger doit être faite en quinconce, avec un espace de 14 mètres en tous sens entre les arbres.

Pour faire la plantation, on se reportera aux principes énoncés à l'article spécial ci-dessus, avec cette modification, que les trous doivent avoir deux mètres de diamètre au moins et une profondeur de 80 centimètres.

Choix des arbres.— Il faut choisir des arbres greffés soit en tête, soit écussonnés en pied. Ces arbres doivent avoir, à moitié de leur hauteur, une circonférence moyenne de 11 à 14 centimètres ; on doit tenir à ce que les plaies résultant de l'enlèvement des branches sur la tige soient bien recouvertes.

L'arbre planté, il faut le protéger contre le vent, et maintenir sa tige droite au moyen d'un tuteur assez haut pour dépasser la tête. Le tuteur est relié à la tige à l'aide d'attaches en osier garnies de foin ou de mousse pour empêcher l'écorce de se meurtrir. Un peu plus tard, en mars, on applique sur la tige et sur les branches, une couche de chaux éteinte, mélangée de bouse de vache et d'argile. Cette préparation garantit l'arbre des coups de soleil. On peut encore, dans le même but, entourer la tige d'une poignée de paille de seigle, maintenue par des liens d'osier.

Afin de préserver les pommiers des atteintes des bestiaux et du choc des instruments aratoires, on emploie une armure composée de trois pieux disposés en triangle autour de la tige, à 40 centimètres du pied de l'arbre, et s'élevant de 1ᵐ 50 au-dessus du sol. Ces pieux sont reliés entre eux par des traverses placées au sommet et à moitié de la hauteur de l'armure.

Enfin, pour prévenir les dégâts qui peuvent résulter du voisinage des lapins et des autres rongeurs, il est bon d'attacher au pied de chaque pommier, une certaine quantité d'ajoncs ou joncs marins, dont on dispose les branches de haut en bas.

Culture et entretien. — Le sol dans lequel se trouvent les pommiers doit recevoir autant de binages qu'il en faut pour détruire les mauvaises herbes, et tenir la terre meuble, principalement sur l'extrémité des racines, laquelle correspond à l'extrémité des branches.

Les engrais sont apportés au pied des pommiers, non dans les premières années de plantation, mais seulement quand les arbres commencent à donner des produits d'une certaine importance. On ne donne pas d'engrais aux arbres vigoureux et peu productifs, mais on en applique à ceux qui poussent mal ou qui sont épuisés par des récoltes trop abondantes.

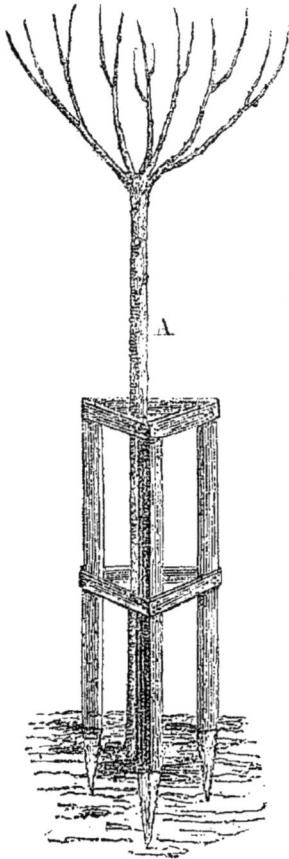

Fig. 44. Pommier avec armure,

Il faut se servir de fumier bien consommé, l'enterrer sous l'extrémité des branches, avant l'hiver, en ayant soin de ménager les racines.

Élagage. — La tête de l'arbre, dirigée pendant les premières années comme nous l'avons indiqué, demande encore beaucoup de surveillance, à mesure qu'elle se développe. Le plus souvent il se produit, dans l'intérieur de la tête, un grand nombre de petites branches et de rameaux gourmands qui nuisent à la circulation de l'air et de la lumière, tout en étant préjudiciables à la bonne disposition de l'arbre.

Ces différentes pousses seront supprimées avant ou après les grands froids, et autant que possible avec la serpette. Si cet instrument ne suffisait pas, on se servirait d'un ciseau à long manche, en plaçant la lame au dessous de la branche qui doit être retranchée. En même temps, si l'on s'aperçoit de la présence du *gui*, plante ligneuse qui vit en parasite sur les arbres, il faut détruire cette plante, en la coupant sur son point d'insertion.

Les plaies résultant des amputations seront recouvertes avec du mastic à greffer, ou de l'onguent de St-Fiacre. On doit faire l'élagage tous les deux ans.

En vieillissant, les écorces se gercent, se dessèchent, se couvrent de mousse et servent d'abri à une foule d'insectes qui vivent aux dépens de l'arbre. Il importe d'enlever, par un temps humide, à l'aide d'une forte serpette ou d'un grattoir spécial, ces écorces et ces mousses, en ayant la précaution de ne pas faire de plaies ; puis, tout ce qui proviendra du grattage sera réuni et brûlé.

« Pour conserver à l'écorce toute sa netteté, il faut tous les deux ou trois ans, enduire le tronc et les branches principales avec un lait de chaux un peu épais, ce qui détruit jusqu'aux racines les plus fines de la mousse [1]. »

Chancres, contusions, puceron lanigère. —

Chancre. Nous avons indiqué (page 195 ci-dessus) les signes auxquels on reconnaît le chancre des pommiers. Quelques auteurs désignent sous le nom de **brûle** une sorte de chancre, attaquant spécialement les jeunes pommiers nouvellement plantés, et se manifestant par des gerçures de l'écorce accompagnées de taches brunes qui envahissent promptement le corps ligneux. Cette maladie est souvent le résultat d'une plantation trop profonde. Dans ce cas, une déplantation et une replantation sont nécessaires.

Contusions. Elles sont presque toujours occasionnées par le choc des instruments aratoires, qui meurtrissent les écorces et

[1] *Traité des maladies des arbres fruitiers*, par Rubens.

attaquent quelquefois l'aubier. Les vents, en déterminant le frottement des branches, produisent des accidents analogues. On guérit les contusions, et généralement toutes les plaies, en les mettant à l'abri de l'air, de l'humidité et du soleil, au moyen des engluments dont il a été parlé ci-dessus. On les applique après avoir enlevé, jusqu'aux parties vives du bois, tout ce qui était meurtri ou en état de décomposition.

Puceron lanigère. — De tous les insectes qui attaquent le pommier, le puceron lanigère est celui qui occasionne le plus de dégâts. On le reconnaît aux flocons de duvet blanc qui l'enveloppent. Cet insecte se montre sur la tige, sur les branches et sur les racines de l'arbre. Il se propage rapidement et se transmet en peu de temps d'une plantation à une autre.

Traitement. Couper, après la chute des feuilles, les excroissances causées par la piqûre des pucerons, puis laver les arbres avec de l'eau mélangée d'un tiers d'huile de pétrole. Cette opération se fait à l'aide d'une brosse raide. Déchausser les racines et les couvrir de suie [1].

Récolte des fruits. — Elle se fait à mesure que les pommes mûrissent, ce qui a lieu de septembre à la fin de novembre, selon que les variétés sont hâtives ou tardives. « On reconnaît que les fruit sont mûrs à leur odeur agréable, à leur teinte jaunâtre, à leur chute spontanée, enfin à la couleur foncée de leurs pépins [2] ».

Il convient de profiter d'un temps sec pour détacher les fruits de l'arbre. On se sert, à cet effet, d'une gaule munie d'un crochet avec lequel on saisit la branche et on la secoue.

Les pommes doivent être rentrées à l'abri de la gelée et des pluies. Les gelées font perdre aux pommes presque toute leur valeur ; quant aux pluies, elles peuvent enlever le quart ou même le tiers du sucre contenu dans le fruit, et par suite, diminuer d'autant la proportion d'alcool que contiendrait le cidre.

Avant de faire la récolte générale, on retirera tous les fruits gâtés ou véreux pour les mettre à part.

---

[1] Mis en pratique depuis plusieurs années dans les pépinières de MM. Lapeltey, à Evreux, Cordier, à Bernay, Duval, instituteur au Neubourg, ce traitement a produit les meilleurs résultats.

[2] Dubreuil, *Cours d'arboriculture.*

CHOIX DES MEILLEURES VARIÉTÉS DE POMMIERS A CIDRE

Pommes de première saison. Maturité septembre et octobre.

Fruits doux. — Jaunet, Coqueret, Madeleine [1], De Grelot, Rouge-Bruyère, Doux-à-Lagnel, De Binet gris, De Cimetière-de-Blangy.

Fruits amers. — Blanc-Mollet, Amer-Doux, Petit Ameret, Franc-Pépin, Mouflette, Queue nouée.

Pommes de deuxième saison. Maturité novembre et décembre.

Fruits doux. — Germaine, Marin-Onfroy, Delaplace [2], Muscadet, De Rouget, De Carpentier, d'Orveaux.

Fruits amers. — Bédan, Pressagny, De Haute-Bonté, Haut-Bois, De Rouelle, Messire-Jacques [3].

CHAPITRE V

PÊCHER

Cet arbre doit être dirigé en espalier le long d'un mur surmonté d'un chaperon faisant saillie de 25 à 30 centimètres.

On greffe le pêcher en écusson sur deux sortes de sujets : 1° sur l'amandier, pour les terrains profonds et de bonne qualité; 2° sur le prunier, dans les sols médiocres et de peu de profondeur.

Le pêcher est composé de branches à bois et de branches à fruit.

Les branches à bois sont : *la branche de charpente*, le *rameau à bois*, la *branche coursonne* et la *branche gourmande*.

Nous distinguons trois branches à fruit, la *branche chiffonne* la *branche mixte* et la *branche à bouquet*.

---

[1] Obtenue chez M. Leblond, à la Madeleine d'Évreux.

[2] Originaire de Beaumesnil (Eure).

[3] Id.

Les branches de charpente, appelées aussi branches mères, sont celles qui constituent la charpente de l'arbre. Elles servent de support aux productions à bois ou à fruit dont elles doivent être garnies, en dessus et en dessous, depuis leur base jusqu'à leur extrémité. Il convient d'établir les branches de charpente à 50 centimètres les unes des autres, quelle que soit la forme imposée à l'arbre.

Le rameau à bois est celui qui ne porte que des boutons à bois et des feuilles.

Tous les auteurs désignent sous le nom de *coursonnes* les branches noueuses, qui forment une sorte de trait d'union entre la branche de charpente et les branches à fruits.

Le gourmand est le plus vigoureux des rameaux à bois; il se reconnaît à ses yeux, qui sont très éloignés les uns des autres et à son empatement considérable sur la branche de charpente.

La branche chiffonne est grêle, chétive, garnie de boutons à fleurs et presque toujours terminée par un bouton à bois.

La branche mixte, ainsi que son nom l'indique, porte sur toute sa longueur des boutons à bois et des boutons à fleurs.

La branche à bouquet est composée de quatre ou cinq boutons à fleur, au centre desquels se trouve un bouton à bois.

Ces différentes productions sont soumises aux opérations de la taille d'hiver et de la taille d'été.

Taille d'hiver. — Il ne faut tailler le pêcher que lorsque les fortes gelées ne sont plus à craindre, c'est-à-dire depuis la fin de février jusqu'à la fin de mars.

Branches de charpente. — On les taille le plus souvent en retranchant le tiers (ou environ), de la longueur de leur prolongement de l'année. Ces branches doivent être bien dressées et décrire dans le plus grand nombre de cas, des lignes parfaitement droites.

Rameaux à bois. — On les taille sur les deux premiers yeux de la base, dans le but d'en obtenir deux petites branches.

Branches coursonnes. — Il ne faut pas les tailler ; nous l'avons dit, elles servent de support aux petites branches soit à bois soit à fruits.

Gourmands. — Ces rameaux, dont on doit empêcher le développement, quand ils sont encore à l'état de bourgeons, sont assez difficiles à utiliser. Quand, par suite de négligence, ils se sont produits sur un arbre, on doit les tailler au-dessus de six yeux, qui donneront lieu à six rameaux; puis, quand ces rameaux auront atteint 25 ou 30 centimètres de longueur, il ne faudra conserver que les deux de la base en les palissant sévèrement; on devra supprimer les autres.

Branches chiffonnes. — Ces petites pousses ne sont pas taillés; il faut les palisser avec soin pour les empêcher de se rompre.

Branches mixtes. — On les taille au-dessus de la troisième ou quatrième fleur, en faisant la coupe sur un bouton à bois.

Branches à bouquet. — On ne les taille pas, elles s'allongent peu, produisent de beaux fruits pendant plusieurs années et finissent par disparaître.

Dressage. — Une fois la taille d'hiver terminée, il est indispensable de bien dresser l'arbre et toutes ses branches le long du treillage. Pour faire un dressage parfait, il convient d'abord de figurer, à l'aide de baguettes ou de tringles en bois, la forme qu'on veut donner à l'arbre. Il sera bon d'appliquer, parallèlement à chaque branche de charpente, deux lignes, de fils de fer placées à 8 ou 10 centimètres en dessus et en dessous, pour faire le palissage régulier de toutes les productions.

Taille d'été. — D'après son mode de végétation, le pêcher ne donne ses fruits que sur le bois d'un an. Quand une branche a fructifié, elle ne produit plus. A la vérité, son bourgeon terminal s'allonge et pourrait donner fruit l'année suivante, mais la base de la branche serait stérile. Il convient donc de pourvoir au remplacement de cette production, en obligeant l'arbre à donner chaque année de nouvelles branches à fruit. C'est pour atteindre ce but que l'application des opérations qui vont suivre est indispensable.

L'ébourgeonnement se fait sur le pêcher en supprimant les bourgeons qui se trouvent en avant et en arrière des branches de charpente. Il ne faut conserver que ceux qui sont placées en dessus et en dessous, en ménageant entre eux un espace de 12 à 15 centimètres, espace nécessaire pour faire le palissage des rameaux que ces bourgeons sont appelés à produire.

Cette opération s'emploie aussi sur les branches mixtes. Nous avons dit précédemment que ces branches devaient être taillées au-dessus de la quatrième fleur ; or, cette quatrième fleur est est bien souvent placée à 20 ou 25 centimètres du point d'attache de la branche ; il en résulte que les nombreux bourgeons à bois dont celle-ci est garnie donnent lieu à autant de rameaux dont on ne saura que faire à l'époque du palissage ; d'un autre côté, les deux rameaux de la base, destinés au remplacement de la branche mixte, seront les plus faibles. Pour remédier à cet inconvénient, il ne faut conserver que trois bourgeons ; 1° celui qui termine la branche dans le but d'attirer la sève : 2° les deux premiers de la base, qui doivent fournir les rameaux de remplacement. Tous les autres bourgeons sont supprimés ; on conserve seulement une feuille à leur base.

Lors de la taille d'hiver suivante, la branche qui a donné fruit est rabattue sur son rameau de remplacement, qui prend sa place, fructifie à son tour, après avoir été traité comme la branche qu'il remplace.

Il se produit sur le pêcher des bourgeons à bois, doubles ou triples, partant du même point d'insertion. Chaque fois que ce cas se présente, on ne conserve qu'un seul de ces bourgeons (celui qui est le mieux placé), et on enlève les autres.

Le *pincement* se pratique au fur et à mesure que les rameaux atteignent 25 ou 30 centimètres de longueur. Il convient de réduire ces rameaux à la longueur de 20 à 25 centimètres, en retranchant leur extrémité herbacée. Quelque temps après l'opération du pincement, il se produit toujours sur les rameaux, un certain nombre de bourgeons anticipés qui devront être pincés quand ils auront 15 ou 20 centimètres. Ce deuxième pincement se fait au-dessus de la quatrième feuille. Enfin il faut pincer très court le bourgeon qui termine chaque branche à fruit, pour refouler la sève au profit des yeux de la base.

La *taille en vert* et le *palissage* s'emploient comme nous l'avons précédemment indiqué ; nous ajouterons que pour le pêcher, tous les rameaux à fruit et à bois sont attachés sur le treillage de manière à décrire un angle aigu sur la branche de charpente.

A ces différentes opérations, nous devons ajouter celle de la *suppression des fruits trop nombreux* et celle de l'effeuillement.

On retire les fruits trop nombreux quand ils ont acquis le quart de leur grosseur. Il convient dans ce cas de tenir compte de la vigueur de l'arbre ; il ne faut laisser qu'un petit nombre de fruits sur les arbres peu vigoureux. Dans les années de récolte abondante, on ne doit conserver qu'une seule pêche sur chaque branche à fruit.

L'*effeuillement* a pour but de soumettre les fruits à l'influence de l'air et de la lumière, pour qu'ils se colorent et prennent de la qualité. Il convient donc de les découvrir peu à peu en coupant les feuilles près de leur pétiole, qui doit être conservé. La suppression des feuilles se fait par un temps couvert ou après le coucher du soleil, quand les fruits sont arrivés à leur entier développement.

Formes applicables au pêcher. — Nous recommandons trois formes seulement : la palmette à tige simple et à branches obliques la palmette à double tige et le cordon vertical en U, ou à double tige.

Palmette à tige simple. — Nous avons donné la définition de cette forme et indiqué les moyens de l'obtenir, en traitant du poirier. Pour le pêcher, on emploie les mêmes procédés. La seule différence consiste dans la distance qui doit exister entre les branches de charpente. Sur le poirier, cette distance est de 30 centimètres, tandis que, sur le pêcher, un espace de 45 à 50 centimètres est indispensable pour permettre de faire le palissage des rameaux.

Quelle que soit la forme adoptée, il convient de se servir de jeunes pêchers d'un an d'écusson, de grosseur moyenne et surtout garnis de bons yeux à la base de la tige. La plantation doit avoir lieu à la fin de l'automne ou, au plus tard au mois de février. Il faut pratiquer la première taille, au mois de mars suivant.

Palmette à double tige. — Cette forme consiste en deux tiges verticales portant d'un côté seulement, des branches latérales disposées obliquement par étages espacés de 40 à 50 centimètres les uns des autres. Ces branches doivent être garnies en dessus et en dessous de rameaux à bois et de rameaux à fruits.

Mode de formation. Première année. — La tige du jeune pêcher est taillée à 10 ou 12 centimètres au-dessus du sol, et sur deux yeux opposés, pour en obtenir deux branches.

Il faut suivre attentivement le développement de ces branches, les maintenir en équilibre de végétation, puis les dresser verticalement après leur avoir fait décrire une courbe, en les éloignant de 40 centimètres l'une de l'autre.

Deuxième année. — Les deux branches ou tiges seront taillées à 30 centimètres du sol, sur un œil pris devant ou derrière, dans le but d'établir la base de la palmette; l'œil placé au-dessous et du côté extérieur de chaque tige donnera lieu, à droite et à gauche, au premier étage de branches laté-rales.

Quelques temps après la taille, les rameaux se développent; ceux qui prolongent les tiges sont palissés verticalement; quant

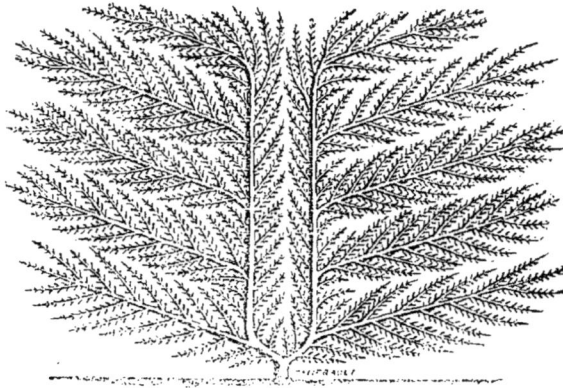

Fig. 45. Palmette à double tige.

aux rameaux latéraux, ils seront dirigés (comme nous l'avons dit pour la palmette à tige simple) sur une ligne oblique rap-prochée de la verticale, afin de favoriser leur accroissement. Pendant le cours de la végétation, on fera usage des opérations d'été, ébourgeonnement, pincement, etc.

Troisième année. — On taille les deux tiges à cinquante cen-timètres au-dessus du premier étage de branches latérales, afin de provoquer le développement du 2e étage et le prolongement de chaque tige. Il faut, en même temps, supprimer le tiers ou environ de la longueur des branches de charpente formant le premier étage; quand aux rameaux à bois et à fruit, ils seront soumis au traitement indiqué au commencement du chapitre.

Les années suivantes on pratique les mêmes opérations, jusqu'à ce que l'arbre ait atteint son entier développement.

Cordon vertical à double tige. — Cette disposition s'applique au pêcher comme au poirier, en employant les mêmes moyens. Seulement il est essentiel d'établir une distance de 50 centimètres entre chaque branche de charpente. Les arbres sont plantés à 1 mètre de distance les uns des autres. Quant aux murs, ils ne doivent pas avoir moins de 3 mètres de hauteur si les pêchers sont greffés sur amandier, et moins de 2^{m}50, s'ils sont écussonnés sur prunier.

Culture et soins à donner aux pêchers. — Sous notre climat, le pêcher demande à être abrité contre les intempéries du printemps; aussi convient-il de le préserver des atteintes de la gelée et des brusques transitions de température. Le meilleur moyen est l'emploi de toiles qu'on place à 30 ou 40 centimètres en avant des arbres, le long des espaliers. On peut se servir également de paillassons légers, en ayant la précaution de soulever ces couvertures dans le jour, toutes les fois que le temps le permet. Les abris seront maintenus jusqu'aux premiers jours de mai.

Il est bon, pendant l'été, au moment des fortes chaleurs, d'arroser en pluie les feuilles des pêchers, en se servant d'une pompe à main ou d'une seringue de serre. Ces arrosements auront lieu deux ou trois fois par semaine, le soir après le coucher du soleil.

La terre dans laquelle se trouvent les pêchers devra recevoir, dans le cours de l'année, quelques binages; on aura bien soin de ne pas endommager les racines. On détruit ainsi les mauvaises herbes, tout en disposant le sol à profiter de l'influence de l'air, de la chaleur, de la pluie. Enfin, nous ne saurions trop recommander d'étendre tous les deux ans sur la terre, à la fin de l'automne ou au commencement du printemps, comme cela se pratique à Montreuil, une couche d'engrais bien consommé.

Liste des meilleures variétés [1] :

Précoce de Hale, Pourprée hâtive, Grosse mignonne hâtive *,

[1] Les variétés marquées d'astérisques sont les plus recommandables.

Madeleine de Courson *, Belle Bausse *, Belle de Vitry *, Malte *,
Bonouvrier, Reine des vergers, Sanguine, Tétons de Vénus.

CHAPITRE VI

ABRICOTIER

On le cultive en plein vent et en espalier.

L'abricotier dirigé en plein vent donne des fruits d'excellente
qualité, mais le plus souvent ses produits sont détruits par les
gelées tardives. Quoiqu'il en soit, si l'on peut disposer d'une
cour entourée de bâtiments, ou de tout autre terrain abrité, il
conviendra d'y planter un ou plusieurs abricotiers à haute tige
ou à demi-tige en plein vent.

En espalier, cet arbre produit abondamment, si on a la précaution de le couvrir de toiles ou de paillassons pendant une
partie du printemps, comme comme nous l'avons recommandé
pour le pêcher.

Les branches de charpente de l'abricotier sont garnies de
rameaux à bois, de *branches mixtes*, de *branches à bouquet* et de
dards sur lesquels se trouvent le plus souvent des boutons à bois et
quelques fleurs. Comme sur le pêcher, les fruits ne se présentent
que sur du bois d'un an ; il faut donc pourvoir chaque année
au remplacement des branches qui ont fructifié. Du reste, ce
remplacement se fait assez facilement à l'aide des bourgeons
qui percent sur les écorces.

Taille. — Les branches de charpente doivent être taillées
relativement plus long que dans les autres espèces d'arbres
fruitiers. Il faut en faire la section à la fin d'août, parce que
les plaies qui en résultent se cicatrisent mieux à cette époque
que celles qui sont faites au printemps. On ne doit conserver
que les bourgeons qui se produisent en dessus et en dessous de
ces branches, puis les pincer à 8 ou 10 centimètres, quand ils
sont développés en rameaux.

Les rameaux à bois sont taillés au-dessus des deux premiers
yeux de la base ; ces yeux produiront deux rameaux sur lesquels
on pratiquera le pincement de bonne heure en les réduisant à 10

centimètres de longueur. Quand, après le pincement, il se produit des bourgeons anticipés, il faut pincer ces bourgeons au-dessus de trois feuilles.

On taille les branches mixtes au-dessus de la quatrième fleur et sur un œil à bois. Au mois d'avril ou au commencement de mai, on ébourgeonne comme sur la branche mixte du pêcher. Un peu plus tard, l'extrémité du rameau terminal sera soumise au pincement.

Les branches à bouquet et les dards ne sont pas taillés, il suffit de retrancher leur prolongement herbacé en lui laissant seulement cinq ou six feuilles.

En espalier, l'abricotier peut être dirigé selon les formes que nous avons indiquées pour les autres arbres. Les branches de charpente seront établies à 30 centimètres de distance les unes des autres.

L'abricotier en plein vent prend une forme plus ou moins ronde. Le plus souvent on ne le taille que pendant les premières années, et de façon à ce que ses branches de charpente soient à peu près d'égale force. On se borne ensuite à enlever le bois mort et les petites branches maigres qui peuvent nuire à la circulation de l'air.

La meilleure variété, aussi bien pour espalier que pour plein vent, est l'*abricotier-pêche*.

On peut admettre aussi l'abricotier précoce, dont les fruits mûrissent à la fin de juin, mais il faut le cultiver en espalier.

CHAPITRE VII

CÉRISIER ET PRUNIER

Ces deux arbres sont généralement cultivés en plein vent. Tous les terrains leur conviennent pourvu qu'ils ne soient pas trop humides. On devra les traiter comme l'abricotier.

Le cerisier planté en espalier donne des produits qui sont très recherchés et très rémunérateurs. Il faut choisir à cet effet une variété précoce, telle que la *royale hâtive* ; l'arbre sera placé à l'exposition du midi et dirigé en palmette à tige simple. Les branches, espacés de 25 à 30 centimètres se couvrent d'un grand nombre de rameaux mixtes et de branches à bouquet. Ces productions seront taillées à 8 ou 10 centimètres de longueur et pincées très sévèrement, pour refouler la sève sur la base qui, sans cela, ne tarderait pas à se dégarnir. On doit aussi ébourgeonner comme sur les autres arbres à fruits à noyaux.

Choix des meilleures variétés :

Pruniers. — Reine Claude ordinaire (verte), Reine Claude violette, petite Mirabelle, Monsieur à fruits jaunes, Monsieur à fruits violets, de Montfort, Reine Claude diaphane, Reine Claude de Bavay.

Cerisiers. — Anglaise ou royale hâtive, Anglaise ou royale tardive, admirable de Soissons, Montmorency à courte-queue, de Planchoury, Belle de Choisy, Griotte commune.

Maladies des arbres fruitiers à noyaux. — Ces maladies sont la gomme, la cloque et le blanc ou meunier.

Gomme. — La gomme est une substance visqueuse qui exsude en déchirant les écorces et a pour résultat de déterminer la mort des branches sur lesquelles elle se produit.

Au début de la maladie, il faut nettoyer jusqu'au vif les parties qui en sont atteintes ; pratiquer des incisions longitudinales au-dessus et au-dessous des plaies, visiter tous les deux jours les arbres malades et enlever la gomme à mesure qu'elle se présente. Lorsqu'elle paraît être dans sa période décroissante, on frotte les points attaqués avec des feuilles d'oseille. Quand le mal a disparu, il convient de couvrir les plaies de mastic à greffer.

Cloque. — Cette maladie, particulière au pêcher, se manifeste au printemps, à la suite des brusques variations de température, lorsqu'après un temps doux, il survient une gelée ou une pluie froide. Les feuilles se contournent, se boursouflent, deviennent languissantes ainsi que les bourgeons, et cessent de remplir leurs fonctions. On doit, dès l'apparition de la maladie, enlever toutes les feuilles cloquées en conservant le pétiole, et retrancher les bourgeons attaqués. Les arbres peuvent être préservés de la cloque par l'emploi des abris.

Blanc. — Le pêcher est sujet à cette maladie, qui se présente sous la forme de poussière blanchâtre et attaque les bourgeons, les feuilles et les fruits. On en débarrasse les arbres en répandant de la fleur de soufre sur les parties où la maladie a fait son apparition. Des arrosements en pluie produisent aussi un bon résultat.

Insectes nuisibles. — *Pucerons.* — Ces insectes pullulent sur les jeunes pousses et sur les feuilles du pêcher, dont ils paralysent la végétation. Le meilleur moyen de les détruire a été indiqué par M. Hardy [1], il consiste en des fumigations de tabac ou en des aspersions faites avec une décoction de cette plante ; après les fumigations, il est nécessaire de seringuer les feuilles avec une pompe, afin d'en détacher les insectes qui ne seraient pas complètement asphyxiés, mais qui seraient seulement engourdis ; une fois par terre ils périssent.

L'eau de tabac sera préparée à l'avance et très chargée ; si l'on n'a qu'un petit nombre de branches à débarrasser, on les immerge dans un vase rempli de cette eau.

CHAPITRE VIII

VIGNE

Dans toute la région du nord, la vigne ne peut donner de produits de bonne qualité que quand elle est plantée dans un terrain léger, un peu graveleux, facile à échauffer, et le long d'un mur recouvert d'un chaperon présentant une saillie de 25 à 30 centimètres.

Plantation. — Il faut choisir des plants de 1 mètre à 1^m50 de hauteur, bien enracinés, provenant de marcottes ou de boutures et ne portant qu'une seule tige.

On ouvre une tranchée large de 1 mètre et profonde de 50 centimètres ; puis on la remplit à moitié avec un mélange de bonne terre et de fumier bien consommé, auquel on ajoute des gravois, des platras et du sable. Ce mélange sera disposé en un talus dont le sommet touchera au pied du mur.

---

[1] *Traité de la taille des arbres fruitiers.*

Le sol étant ainsi préparé, chaque cep de vigne est placé en travers sur le talus et dirigé du bas de talus vers le pied du mur, et de manière à ce qu'il dépasse de quelques centimètres le sol environnant. On maintient le pied de vigne dans cette position à l'aide d'un crochet en bois ; puis on comble entièrement la tranchée avec de la bonne terre.

Végétation de la vigne. — La vigne ne donne de fruits que sur les rameaux de l'année. Ces rameaux sont désignés sous le nom de *sarments,* et les yeux dont ils sont garnis portent le nom de *bourres.* Dans les bourres sont renfermés les bourgeons et les grappes.

L'œil est accompagné d'un ou deux sous-yeux qui peuvent au besoin remplacer l'œil principal. La vigne produit aussi des bourgeons qui font leur apparition sur le vieux bois. Un grand nombre de faux bourgeons et de vrilles prennent naissance sur les sarments.

Dans une vigne soumise à la taille, la branche de charpente prend le nom de *cordon.* Sur le cordon sont placés les sarments qui, après avoir été taillés, donnent lieu aux *coursons,* ou branches intermédiaires.

Taille. — La taille de la vigne se fait de la fin de février à la fin de mars ; on a soin, comme nous l'avons dit précédemment de pratiquer la coupe en biseau et à 2 *centimètres* au-dessus d'un œil.

On taillera les cordons de manière à leur faire produire par année deux sarments et un rameau de prolongement. Pour arriver à ce résultat, il convient de les tailler au-dessus du troisième ou du quatrième œil. On taille les sarments sur le deuxième œil de la base. Ces deux yeux fourniront deux nouveaux sarments devant produire des grappes.

La base du sarment rabattu prend (comme nous l'avons déjà dit) le nom de courson. Lors de la taille d'hiver suivante, on supprime le sarment le plus éloigné, et on ne conserve que celui qui est à la base du courson. Il est à son tour taillé sur ses deux premiers yeux.

Ebourgeonnement. — Il s'applique aux bourgeons [1] qui se trouvent sur le devant des cordons et sur ceux qui, trop

---

[1] Quand ils ont 10 à 12 centimètres.

rapprochés les uns des autres, ne pourraient trouver place au moment du palissage. On enlèvera également les rameaux et les vrilles qui se trouvent dans l'aisselle des feuilles.

Pincement. — Il est indispensable de pincer les sarments, lorsqu'ils ont atteint 40 centimètres, pour renforcer les yeux de la base. On étête alors le sarment à 30 ou 35 centimètres, en ayant soin de laisser une ou deux feuilles au-dessus des grappes.

Palissage. — Les sarments de la vigne se détachent au moindre choc ; aussi convient-il de les palisser à mesure qu'ils se développent.

Cisellement et effeuillage. — Le cisellement consiste à retrancher avec des ciseaux tous les grains petits, mal constitués, qui pourraient nuire au libre accès de l'air et de la lumière ; on supprime aussi l'extrémité de la grappe. Il faut attendre, pour faire cette opération, que les grains soient bien formés.

L'*effeuillage* a pour but de soumettre les raisins à l'action de l'air et du soleil, pour qu'ils se colorent. On effeuille une première fois, quand le raisin est arrivé aux trois quarts de sa grosseur, en retirant d'abord quelques feuilles, puis, une deuxième fois, quand le raisin commence à mûrir, en conservant toutefois un certain nombre de feuilles pour qu'il ne soit pas exposé trop brusquement au soleil. Enfin, un troisième effeuillement se fait en démasquant presque entièrement les grappes vers la fin de la maturation. Il convient de pratiquer cette opération par un temps sombre et de conserver le pétiole de chaque feuille.

Formes applicables aux vignes en espalier. — Deux formes sont en usage pour diriger la vigne ; le cordon vertical et le cordon horizontal.

Cordon vertical. — Cette forme est composée d'une tige verticale garnie ; de la base au sommet, de sarments latéraux. On donne cette disposition à la vigne en employant les moyens suivants : la plantation ayant été faite comme nous l'avons dit, la vigne, arrivée au pied du mur, est rabattue sur ses deux yeux les plus rapprochés du sol. Ces yeux donnent naissance à deux sarments qui sont dirigés verticalement le long du mur, puis étêtés à 1m20, lorsqu'ils ont atteint 1m40 de hauteur.

On ne doit pas manquer de retirer les faux rameaux qui se montrent dans l'aisselle des feuilles.

L'année suivante, au mois de mars, il faut enlever le sarment le moins bien placé et conserver celui qui paraît le mieux disposé. Quant à ce dernier, on le taille à 35 centimètres du sol, sur un œil de devant, pour prolonger la tige et on réserve deux yeux placés à droite et à gauche pour former les deux premiers sarments. Pendant le cours de la végétation, la tige ou cordon est dressée verticalement et écimée à 1^{m}20. Lorsque les sarments sont développés, il faut les pincer au-dessus de la huitième feuille, les palisser obliquement sur le treillage, pratiquer l'ébourgeonnement et supprimer les vrilles.

Au bout d'un an de ce traitement, la vigne se trouve formée d'une tige et de deux premiers sarments latéraux. On taille de nouveau le cordon sur les trois premiers yeux qui se trouvent placés immédiatement au-dessus des sarments qui se sont produits l'année précédente, afin d'obtenir le même résultat, c'est-à-dire le prolongement de la tige et un sarment de chaque côté [1].

On continuera ainsi tous les ans jusqu'à ce que le cordon arrive à la hauteur de 2^{m}50, qu'il ne doit pas dépasser. En donnant plus de développement au cordon, la sève tendant toujours à monter, la base de la tige deviendrait languissante et finirait par se dégarnir.

Quand on veut garnir un mur de plusieurs cordons verticaux, il convient de planter les vignes à 70 centimètres les unes des autres.

Cordon horizontal. — Il consiste en une tige verticale, plus ou moins élevée, servant de support à deux cordons latéraux ayant chacun 1^{m}30 à 1^{m}50 de longueur. Ces cordons, dirigés horizontalement, doivent être garnis en dessus seulement de sarments verticaux.

Voici comment on obtient cette forme. La vigne, placée au pied du mur et rabattue sur ses deux premiers yeux, produira deux sarments qui seront traités de la manière qui a été indiquée pour le cordon vertical. A la taille d'hiver suivante, on supprimera un de ces sarments pour garder le plus vigoureux. Celui-ci sera taillé à 25 ou 30 centimètres du sol, sur un œil de devant. Cet œil donnera lieu à un sarment qui, dirigé verticale-

---

[1] Les sarments obtenus l'année précédente sont taillés au-dessus des deux premiers yeux de la base, comme il a été dit ci-dessus.

ment formera la tige. Il sera ébourgeonné et palissé, puis étêté quand il dépassera 1m20.

Une année après, en admettant que la vigne soit arrivée au point indiqué pour former la charpente, il faut obtenir sur une même ligne un cordon à droite et un à gauche de la tige. Ces deux cordons doivent présenter la forme d'un T. Ce résultat s'obtient en courbant la tige près de l'endroit où l'on veut établir

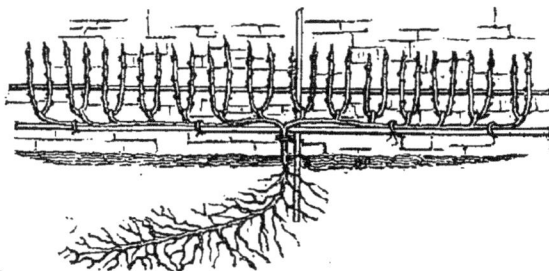

Fig. 46. Vigne (cordon horizontal).

le cordon et de manière qu'il se trouve un œil du côté extérieur de la courbe. Il importe de provoquer le développement de cet œil en taillant la partie supérieure de la tige près de la courbe, et un peu plus tard, en la pinçant rigoureusement. On obligera ainsi la sève à se porter sur le point qu'on veut favoriser.

Par suite de ce traitement, l'œil placé sur le côté extérieur de la courbe donnera naissance à un cordon opposé à celui qui est formé par la tige courbée. Ces deux cordons ainsi posés figureront la forme d'un T.

Les cordons étant établis et dressés horizontalement, il s'agit ensuite de leur faire produire les sarments dont ils doivent être garnis en-dessus. A cet effet, chaque cordon est taillé à 12 ou 15 centimètres de son point d'insertion, sur deux yeux dont l'un, celui du dessous fournira le prolongement du cordon, le deuxième œil placé en dessus donnera lieu au premier sarment. Pendant le cours de la végétation, les bourgeons placés en avant et au-dessous des cordons seront supprimés. Les sarments palissés perpendiculairement seront pincés comme il a été dit à l'article spécial.

L'année suivante, les deux sarments verticaux sont rabattus

à deux yeux ; chaque cordon est encore taillé comme l'année précédente, de manière à fournir un nouveau sarment et le prolongement du cordon. Ne pas négliger de faire l'application des opérations d'été.

Tous les ans, la vigne sera soumise au même traitement, jusqu'à ce que les cordons aient atteint 1m 30 à 1m 50 de longueur de chaque côté.

Cette forme peut être employée pour garnir entièrement un mur. On établit un premier cordon à 30 centimètres du sol; les autres cordons sont superposés horizontalement à 50 centimètres de distance.

Le sol dans lequel on a planté la vigne recevra, pendant l'année, plusieurs labours superficiels pour tenir la terre friable et la débarrasser des mauvaises herbes. Il sera bon d'y répandre tous les deux ans, à l'automne, sur une largeur d'un mètre (ou environ), une fumure d'engrais bien consommé. L'engrais est enterré par un labour dont la profondeur ne doit pas excéder 12 à 14 centimètres.

Choix des meilleures variétés[1] :

Chasselas de Fontainebleau ;
Chasselas Vibert;
Chasselas Royal rose ;
Chasselas de Florence ;
Muscat précoce de Saumur ;
Muscat bifère de Saumur ;
Saint-Laurent ou raisin de juillet noir.
Madeleine blanche.

Maladie de la vigne. — *Oïdium.* — C'est un petit Champignon filamenteux qui se produit sur les feuilles et sur les sarments, qu'il couvre de taches blanchâtres, devenant brunes en vieillissant. C'est un véritable fléau pour la vigne. Les raisins qui en sont atteints, durcissent, cessent de grossir, se fendent et pourrissent.

Pour combattre cette maladie, on emploie la fleur de soufre en la projetant au moyen d'un soufflet spécial, sur les vignes malades. Le soufrage doit se faire le matin, avant le lever du soleil.

---

[1] Nous ne citons ici que celles qui mûrissent bien dans la région du nord.

L'oïdium étant en quelque sorte permanent dans le département de l'Eure, nous recommandons (comme la plupart des auteurs qui se sont occupés de cette question), de se servir du soufre avant l'apparition de la maladie, quand les bourgeons et les feuilles commencent à se développer. On renouvelle le soufrage si l'oïdium se manifeste, et on le continue au besoin jusqu'au moment où le raisin est sur le point de mûrir.

Guêpes. Pour préserver les raisins des attaques des guêpes, il suffit de badigeonner le dessus des treilles et des ceps, de place à autre, avec du goudron liquide provenant des usines à gaz[1].

CHAPITRE IX.

MULTIPLICATION DES ARBRES FRUITIERS

On propage les arbres fruitiers au moyen de *graines*, de *greffes*, de *boutures* et de *marcottes*.

Semis.— La multiplication par graines ou semis est applicable à tous les arbres fruitiers. C'est par le semis *seulement* qu'on peut obtenir de nouvelles variétés; mais ce mode de reproduction est principalement destiné à fournir des sujets dont on se sert pour recevoir la greffe de meilleures variétés dans chaque espèce d'arbres.

Semis des arbres à fruits à pépin. — Nous avons indiqué, en parlant de la culture du pommier à cidre, comment on fait le semis de pépins de pommes. On agit de la même manière pour les autres arbres fruitiers à pépins (poirier et cognassier).

Semis des arbres à fruits à noyau. — Avant de semer des noyaux, il faut les stratifier. La stratification consiste à disposer au mois de novembre, soit dans une cave, soit dans un autre endroit à l'abri de la gelée, une couche de sable sur laquelle les noyaux sont rangés près à près. Puis, ils sont recouverts

---

[1] Nous ne parlerons pas ici du phylloxera qui est devenu en fléau pour les pays vignobles.

de 3 à 4 centimètres de sable ou de terre fine. On continue ainsi en établissant alternativement un lit de noyaux et un lit de sable : le tout doit former un petit monticule de forme conique recouvert de sable. Lorsqu'il ne s'agit que d'une petite quantité de noyaux, la stratification peut se faire dans des pots à fleurs. Il convient de les rentrer à la cave et d'arroser légèrement le sable s'il vient à se dessécher.

Les graines stratifiées pourront être semées en mars, en terre bien préparée, à la distance de 40 à 50 centimètres en tous sens.

Les soins à donner aux jeunes plants sont les mêmes que ceux dont nous avons parlé pour les arbres à fruits à pépin.

GREFFE

La greffe est le procédé de multiplication dont on se sert pour appliquer sur un arbre, ou sur une branche, un rameau ou un œil pris sur un autre arbre, afin que les deux parties se soudent et ne forment plus qu'un seul individu. L'arbre qui reçoit la greffe est désigné sous le nom de *sujet*. Le rameau ou l'œil qu'on insère sur le sujet reçoit le nom de *greffe*.

La greffe sert à reproduire *identiquement* la variété qu'on veut propager. Elle offre de plus, le grand avantage de transformer en arbres de produits lucratifs, des sujets qui, abandonnés à eux-mêmes, ne donneraient le plus souvent que des fruits âcres et de peu de valeur. D'un autre côté, les arbres greffés fructifient beaucoup plus tôt, et donnent de plus beaux fruits que ceux qui ne sont pas greffés.

On divise les greffes en trois séries ; 1° les *greffes par rameaux*, 2° les *greffes par approche* ; 3° les *greffes en écusson*.

Greffes par rameaux. — Cette série comprend la *greffe en fente*, la *greffe en écorce* et la *greffe de côté*.

Les greffes par rameaux peuvent se faire depuis le mois de février jusqu'à la fin de l'été, mais c'est surtout au printemps qu'elles sont pratiquées.

Il est essentiel de prendre les greffes sur des arbres sains, fertiles et produisant de beaux fruits. A cet effet, on coupe au mois de janvier des rameaux de la pousse de l'année, puis on les met en terre jusqu'à moitié de leur longueur, près d'un mur exposé au nord.

Il importe de protéger les greffes par rameaux contre l'action des vents et le contact des oiseaux. On y parvient en plaçant au sommet de la tige un petit tuteur et une baguette flexible disposée en cerceau et fixée aux deux extrémités, au moyen d'une attache. On préserve les greffes des pommiers à cidre en les entourant de quelques branches d'épine ou d'acacia.

Peu de temps après que l'arbre a été greffé, la sève refoulée sur la tige, donne naissance à de nombreuses productions qu'on devra supprimer, au fur et à mesure qu'elles feront leur apparition. Toutefois, on en conservera plusieurs au sommet de l'arbre, jusqu'à ce que les greffes commencent à produire des bourgeons.

Greffe en fente simple. — On l'emploie sur des sujets d'un petit diamètre. Elle est préparée comme il suit : on choisit un rameau muni de trois yeux, puis prenant pour point principal l'œil de la base, on fait de chaque côté de cet œil et sur une longueur de 3 à 4 centimètres, un petit enlèvement d'écorce et de bois, en conservant moitié plus d'épaisseur du côté de l'œil ou (partie extérieure de la greffe) que du côté opposé. Avant d'enlever le bois, il est bon de faire un petit cran de chaque côté de l'œil.

La tête de l'arbre est supprimée sur une partie de tige bien droite et bien unie; la coupe est faite horizontalement à son extrémité, ou mieux, tronquée en biseau. Après avoir paré les plaies avec la serpette, on pratique une fente longitudinale de 5 à 6 centimètres partant du sommet de la tige et du milieu du biseau.

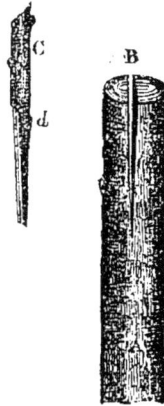

Fig. 47. Greffe en fente simple.

Fig. 48. Pose de la greffe.

Pour poser la greffe, on tient la fente ouverte à l'aide d'un petit coin de bois ou de fer, puis on introduit le rameau, l'œil de la base en dehors, en ayant soin de mettre en contact le point qui se trouve entre l'écorce et l'aubier du sujet avec le même point de la greffe. Il faut, pour atteindre ce but, que l'écorce de la greffe, toujours plus mince que celle du sujet, soit légèrement rentrée. L'opération terminée, on ligature la partie fendue, et l'on recouvre les plaies avec du mastic à greffer, pour les soustraire à l'action de l'air et de l'humidité.

Greffe en fente double. — Celle-ci s'applique sur des sujets de 12 à 18 centimètres de circonférence. Les greffes sont préparées comme la précédente, la tige est coupée horizontalement et la plaie est parée avec la serpette ; on fait une fente verticale au milieu du sujet, ensuite on introduit deux greffes, dans la fente à l'opposé l'une de l'autre.

Il est nécessaire de ligaturer et de couvrir de mastic.

En posant deux greffes, la plaie se cicatrise plus facilement. Après une année de végétation, on supprime la moins vigoureuse.

Greffes en écorce ou en couronne. — Elles se font depuis la fin de mars jusqu'à la fin de mai, c'est-à-dire quand les arbres sont complètement en sève. Comme les greffes en fente, il faut les ligaturer, et couvrir les plaies de mastic.

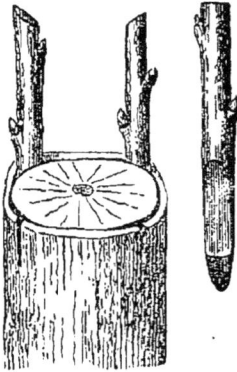

Fig. 49. Greffe en couronne.

Greffe en couronne ordinaire. — Pour la pratiquer, il faut couper horizontalement la tête de l'arbre ; tailler la greffe en bec de plume, en ménageant un petit cran du côté opposé à l'œil de la base de la greffe ; enlever à partir de ce cran, moitié ou environ du corps ligneux, en diminuant l'épaisseur à mesure qu'on approche de l'extrémité inférieure de la greffe. On écarte ensuite l'écorce du sujet avec un petit coin, l'on introduit la greffe entre l'écorce et l'aubier, en faisant asseoir le cran sur la partie amputée du sujet. Pour faciliter l'opération, on peut faire une incision verticale sur l'écorce, ce qui permet de la soulever des deux côtés et d'introduire la greffe.

Lorsque le sujet est gros, il convient de placer plusieurs

greffes à la circonférence, en les espaçant de 4 à 5 centimètres les unes des autres.

Greffe en couronne perfectionnée. — Cette greffe a été imaginée par M. Dubreuil ; nous ne croyons mieux faire que de reproduire la description qu'il en a donnée.

« La tête du sujet est coupée obliquement, puis l'écorce est ouverte verticalement un peu à gauche du sommet du biseau. La base de la greffe est taillée en bec de flûte, avec réserve d'un cran ou languette à la naissance de l'entaille, puis on coupe une petite lanière d'écorce sur le côté gauche du bec de flûte. On insère la greffe entre l'écorce et le bois en soulevant l'écorce d'un seul côté, de manière que le cran vienne reposer en s'accrochant sur le sommet du biseau et que le côté gauche du bec de flûte s'appuie contre l'écorce du sujet ».

Greffe en écorce de côté. — Pour faire cette greffe, il faut se servir d'un rameau un peu coudé et garni de cinq ou six yeux ; la partie inférieure de la greffe est taillée en biseau de 3 à 4 centimètres de longueur et du côté opposé à l'œil de la base ; ensuite on pratique sur la tige, à l'endroit où l'on veut placer la greffe, deux incisions, l'une transversale, l'autre verticale en leur donnant la forme d'un T, puis on soulève les écorces pour insérer la greffe. Il faut ensuite ligaturer et couvrir de mastic.

Avant de poser la greffe, il sera bon de pratiquer une entaille transversale à 1 centimètre environ au-dessus du point où elle doit être placée.

Cette greffe est d'un usage fréquent pour établir des branches là où il en manque, sur les arbres soumis aux formes régulières.

Greffes par approche. — Elles se distinguent des autres greffes en ce qu'elles restent adhérentes au sujet jusqu'à leur reprise complète. On les fait au printemps et pendant une partie de l'été.

Greffe par approche ordinaire. — Il arrive souvent que, sur un arbre dirigé sous une forme régulière, pyramide, palmette ou autre, il manque une ou plusieurs branches de charpente. Quand ce cas se présente, on prend pour greffe une branche dans le voisinage de la partie dégarnie, on l'applique sur cet endroit, puis on fait une entaille longue de 4 à 5 centimètres sur la tige, et une plaie semblable sur la branche ; les parties entaillées sont approchées l'une contre l'autre à l'aide d'une ligature en faisant coïncider les écorces aussi exactement que possible. Il n'y a plus ensuite qu'à couvrir les plaies de mastic.

Le sevrage de la greffe a lieu l'année suivante, quand la reprise est assurée.

Greffe par approche herbacée. — Elle est particulièrement employée sur le pêcher pour garnir de rameaux à fruit les branches dénudées.

L'opération consiste à faire sur le point ou endroit dénudé une incision longitudinale de quatre à cinq centimètres, et terminée aux extrémités par une incision transversale. Cela fait, on choisit, près et au-dessous de l'incision, un rameau dont l'extrémité dépasse un peu l'endroit qu'on veut garnir, puis on enlève, sur une longueur de 4 à 5 centimètres le tiers environ du diamètre de ce rameau à la place où il doit être greffé. Il faut ensuite soulever les écorces avec la spatule du greffoir et insérer le rameau sous les écorces de manière qu'il soit bien recouvert et en ayant l'attention de laisser en dessus un bouton qui se trouvera au milieu de l'incision. Enfin on ligature sans qu'il soit nécessaire de couvrir de mastic.

Cette greffe se pratique en juin et juillet ; elle reprend facilement, mais on ne doit en faire le sevrage qu'au printemps suivant, et même plus tard, pour lui donner le temps de s'attacher solidement sur la branche.

Greffes en écusson. — Le caractère particulier de ces greffes est que la tête du sujet est conservée, jusqu'à la reprise complète de l'écusson.

On donne le nom d'écusson à une plaque d'écorce deux fois plus longue que large et munie d'un œil bien constitué. L'écusson sera pris sur un rameau de l'année ; ce rameau détaché, on coupe toutes ses feuilles en ne conservant que le pétiole.

Cette greffe est sans contredit la plus expéditive et la meilleure ; elle s'identifie si bien avec le sujet, qu'au bout de peu d'années, il est difficile de s'apercevoir que celui-ci a été greffé.

L'écusson s'emploie sur les jeunes arbres, lorsqu'ils sont de la grosseur du doigt. Il s'applique aussi sur les jeunes branches.

Suivant l'époque où elle est pratiquée, cette greffe prend le nom d'écusson à œil dormant ou d'écusson à œil poussant.

Greffe en écusson à œil dormant. — Elle se fait depuis la fin de juillet jusqu'à la fin de septembre. Il faut choisir sur un rameau, un œil bien constitué. Pour lever l'écusson, on place la lame du greffoir à 1 centimètre environ au-dessus de l'œil et on la dirige entre l'écorce et l'aubier, **en** entamant un peu celui-ci e en descendant à 1 centimètre au-dessous de l'œil.

Fig. 50. Écusson.

L'écusson enlevé, on vérifie si l'œil est resté adhérent à l'écorce, sans présenter ni trous, ni vides, autrement il faudrait le rejeter.

Pour poser l'écusson, on fait sur un point de la tige bien lisse et bien uni, deux incisions, l'une verticale, longue de 2 à 3 centimètres, l'autre transversale au sommet de la première, de manière à former un T. Les écorces de l'incision verticale sont soulevées avec la spatule du greffoir, puis on y insère l'écusson, en ayant soin de rapprocher les écorces et de les ligaturer avec de la laine en laissant l'œil découvert. Il est préférable de commencer la ligature au-dessus de l'œil en serrant un peu plus sur ce point qu'à la base.

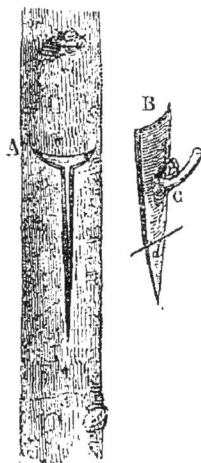

Fig. 51. Écusson posé.

Quinze jours ou trois semaines après l'opération, il faudra desserrer un peu la ligature et s'assurer de la reprise de la greffe, ce qui a lieu quand l'œil se gonfle et que le pétiole se détache.

Comme pour les autres greffes, il convient d'enlever tous les bourgeons qui se produisent le long de la tige.

A la fin de l'hiver suivant, la tige du sujet sera rabattue à 8 ou 10 centimètres de l'écusson. Celui-ci ne tardera pas à se développer; il sera bon de l'assujettir à un tuteur. Au bout d'un an, la partie de la tige qu'on a dû laisser au-dessus de la greffe sera supprimée.

Ecusson à œil poussant. — Cette greffe se pratique de la fin de mai au mois de juillet, par les mêmes procédés que la précédente, avec cette différence qu'aussitôt après la reprise de l'écusson, on supprime la tête du sujet au-dessus de la greffe, sans attendre le printemps.

Ce mode de greffage est peu employé pour les arbres fruitiers de la région du nord, parce que le corps ligneux du rameau provenant de l'écusson n'a pas le temps nécessaire de se constituer assez solidement pour résister aux fortes gelées.

L'écusson à œil poussant est en usage pour multiplier le rosier; on en obtient de bons résultats; ainsi, un églantier écussonné en juin pourra donner des roses en août.

BOUTURES

Ce procédé de multiplication consiste à couper sur l'arbre qu'on veut propager des rameaux de l'année et à les placer en terre pour provoquer la formation des racines. Les arbres fruitiers qu'on obtient par ce moyen sont le cognassier et le pommier de doucin.

Les boutures se font près d'un mur à une exposition ombragée et en terre légère mélangée de terreau. L'époque la plus convenable pour bouturer les arbres fruitiers est l'automne et le commencement du printemps.

Nous ne parlerons que de deux sortes de boutures, celle par rameaux et celle par crossettes.

Bouture par rameaux. — Après avoir choisi des rameaux plus ou moins développés, on les réduit à une longueur de 20 à 25 centimètres, en coupant horizontalement leur base, près et au-dessous d'un œil; puis ces rameaux sont plantés à 10 centimètres de distance en tous sens, et enfoncés jusqu'à moitié de leur longueur. La terre sera assez fortement tassée au pied de la bouture.

Après la reprise, on donne de légers binages et des arrosements si la température l'exige. Dès que les boutures sont bien enracinées, elles sont plantées en pépinière à la distance de 50 centimètres; là, elles reçoivent les soins indiqués à l'article *pommier.*

Les boutures munies d'un talon à leur base sont d'une reprise plus certaine.

Bouture à crossettes. — On entend par crossette, uu rameau de l'année ayant son point d'attache sur une branche. Il faut donner au rameau une longueur de 30 à 35 centimètres, et à la partie de branche qui lui sert de base, une longueur de 12 à 15 centimètres. Les crossettes sont couchées dans de petites rigoles de 15 centimètres de profondeur, puis recouvertes de terre. On ne laisse sortir que deux ou trois yeux à l'extrémité supérieure du rameau.

La bouture par crossette est particulièrement employée pour multiplier la vigne.

MARCOTTES

La marcotte diffère de la bouture en ce qu'au lieu d'être détachée de son pied-mère, elle y reste adhérente, jusqu'à ce qu'elle ait assez de racines pour être sevrée.

Le marcottage se fait au printemps : on se sert de branches d'un an ou de deux ans.

Pour multiplier les arbres fruitiers, on pratique la marcotte simple et la marcotte par cépée.

Marcotte simple. — On s'en sert pour propager la vigne. Elle se fait en ouvrant, sous une branche de la variété qu'on veut multiplier, une tranchée de 50 centimètres de longueur et de 15 à 20 centimètres de profondeur. La branche est couchée au fond de cette tranchée, et maintenue à l'aide d'un crochet; on recouvre de bonne terre; ensuite l'extrémité de la marcotte est redressée hors de terre au moyen d'un tuteur.

Il est essentiel de supprimer tous les bourgeons qui se produisent entre le pied de vigne et la branche marcottée, et de maintenir la terre en état de fraîcheur, par l'application d'un paillis et d'arrosements fréquents pendant l'été.

Les racines se produisent dans le cours d'une année, mais le sevrage de la marcotte ne doit se faire qu'au bout de deux ans.

Marcottage par cépée. — Chacun sait qu'une cépée est un ensemble de branches partant près de terre sur le même tronc. On obtient une cépée en coupant au printemps la tige d'un jeune arbre à 15 centimètres du sol. Bientôt après, il se développe un certain nombre de rameaux au-dessous de la coupe. Après une année de végétation, au mois de mars, on entoure la cépée d'une butte de bonne terre de 15 à 20 centimètres de hauteur. Il sera bon de couvrir la butte d'un paillis et de l'arroser fréquemment au moment des fortes chaleurs

A la fin de l'automne suivant, quand les marcottes sont bien enracinées, on les détache de leur pied-mère pour les planter individuellement.

Ce mode de multiplication s'applique au cognassier, aux pommiers de doucin et de paradis.

NOTES

Note 1 (page 3). — La Société nationale d'Agriculture de France, répondant à la question suivante qui lui était adressée par M. le Ministre de l'Agriculture et du Commerce : *Quelles sont les améliorations et les réformes culturales qu'il serait possible aux cultivateurs de réaliser dans un avenir prochain, pour changer leur situation, accroître leur profit et les mettre davantage et autant que cela est possible à l'abri des crises qui se produisent périodiquement ?* formule les principes ci-après :

« L'agriculture ne saurait être soustraite aux crises qui la frappent périodiquement et qui sont dues aux intempéries sur lesquelles l'homme ne peut rien ; mais il faut que, dans les bonnes années, elle puisse se préparer à supporter les privations qui la menacent toujours. L'augmentation de la production du bétail et la création d'industries annexes des exploitations rurales sont les seuls moyens auxquels elle peut elle-même recourir. En faisant plus de bétail, elle accroît la production du fumier, ainsi qu'il a été dit plus haut ; et, par suite, elle augmente le rendement de ses terres en même temps qu'elle diminue le prix de revient du quintal de blé. L'accroissement des cultures fourragères et particulièrement des prairies arrosées est donc le principal moyen cultural qui puisse être conseillé. Il faut y joindre la culture de toutes les plantes qui peuvent donner des matières premières à des usines annexées aux exploitations rurales telles que sucreries, distilleries, féculeries, huileries, qui ont l'avantage de laisser comme résidus, dans les exploitations rurales, les principes les plus utiles pour être employés soit comme aliments du bétail, soit comme engrais, et de ne vendre que des produits hydrocarbonés dont l'exportation n'épuise pas le sol. L'établissement des fromageries est surtout à conseiller, soit par les exploitations assez grandes elles-mêmes, soit au moyen des associations dites *fruitières*. L'exemple donné par des agriculteurs d'abattre dans les fermes le bétail engraissé pour conserver dans les campagnes les bas-morceaux et les issues, et de n'expédier au loin que les viandes de choix, peut être imité avec profit, surtout si les Compagnies de chemins de fer, ainsi que cela se fait en Angleterre, créent pour le transport des viandes à longue distance des wagons convenablement disposés.

« La viticulture, l'arboriculture, les cultures maraîchères, les magnaneries, le développement des basses-cours, sont des ressources importantes dans toutes les localités où il est possible d'y avoir recours. Il en est de même pour les cultures de plantes industrielles. La variété des produits est un moyen d'échapper aux mauvaises influences météorologiques qui ne frappent pas de la même manière tous les genres de récoltes.

« Toutes les précautions possibles étant prises par le cultivateur afin de tirer des conditions économiques, au milieu desquelles il se trouve, le meilleur parti désirable, il doit s'efforcer de lutter contre l'exagération du prix de la main-d'œuvre, par l'emploi des machines. Pour ceux dont les exploitations ne comportent pas l'achat des instruments coûteux, l'association en vue d'avoir des instruments communs, servant successivement à chacun des cultivateurs d'une localité, doit être conseillée. Les entreprises de battage, de moissonnage, de fauchaison, peut-être de labourage à vapeur, exécutant les travaux agricoles à façon, doivent être encouragées. Enfin, les créations de maisons d'ouvriers ruraux, avec des terres d'une étendue suffisante pour assurer l'alimentation de familles s'attachant au sol, sont de nature à maintenir dans les campagnes une population ouvrière utile. »

(*Enquête sur la situation de l'Agriculture en France*, en 1879, t. II. p. 467 et suiv.)

Pour notre département, il a été reconnu que si le manque de fumier est le défaut capital de l'agriculture, le manque de capitaux est un autre défaut non moins grave (M. MOLL).

Sans capitaux suffisants, en effet, le cultivateur ne peut se procurer les animaux, les instruments, les machines, les semences, les engrais nécessaires pour une bonne culture ; il ne peut ni entreprendre les améliorations foncières qui lui procureraient des bénéfices importants, ni attendre, pour vendre ses produits, le moment le plus favorable.

L'insuffisance du capital d'exploitation vient souvent de ce que le cultivateur tient trop à étendre son domaine et emploie ses avances à des acquisitions nouvelles au lieu de les employer à l'amélioration des terres qu'il possède. Souvent aussi, le cultivateur entreprend une culture trop étendue, eu égard à ses moyens.

« Un cultivateur qui n'a qu'un capital suffisant pour cultiver 50 hectares ne « doit prendre que 50 hectares et ne pas emprunter pour pouvoir en cultiver « 100 ; c'est cependant ainsi que presque tous agissent et c'est là le malheur « de la campagne ».

(*Enquête sur la situation et les besoins de l'Agriculture, dans le département de l'Eure*, p. 12).

Note 2 (page 18). — L'humus, avons-nous dit, est la base de la fertilité des terres : on doit donc pouvoir en constater la présence dans les sols.

« Un moyen simple et rapide de faire cette constatation consiste à faire bouillir pendant vingt à trente minutes, une quinzaine de grammes de terre à essayer, dans une dissolution de potasse. On filtre ensuite. Si la terre contient de l'humus, la liqueur filtrée sera brune ; dans le cas contraire, la liqueur est à peine colorée, ou même ne l'est pas du tout. (M. Isidore Pierre, *Chimie agricole*, p. 112).

Note 3 (page 19). — *Composition de quelques terres du département de l'Eure.* — Un assez grand nombre de terres du département de l'Eure ont été analysées, soit par l'Ecole des Mines, soit par différents chimistes. Nous indiquerons les résultats de quelques-unes de ces analyses, en commençant par les terres argilo-siliceuses de la plaine du Neubourg, renommées par leur haute fertilité. Ces terres contiennent pour cent parties :

Gravier et gros sable	7	Carbonate de chaux	2
Sable siliceux	60	Humus	2
Argile	29	(*Ecole des Mines.*)	

Les terres sablo-argileuses du plateau entre la Seine et l'Eure renferment :

Gravier et gros sable	30	Carbonate de chaux	1
Sable siliceux	50	Humus	4
Argile	15	(*Analyse de l'Ecole des Mines.*)	

Les terres silico-calcaires de Huest, près Evreux, ont la composition suivante :

Gravier et gros sable	1	Carbonate de chaux	26,5
Sable siliceux	54	Humus combiné à la chaux	6,9
Argile	10,6	(*Analyse de M. Gazan.*)	

Pour les terres siliceuses de Bois-Normand-en-Ouche, la composition est :

Sable siliceux	85	Humus combiné à la chaux	1
Argile	12	(*M. Dubuc*).	
Oxide de fer, magnésie, etc.	2		

La craie pure, si abondante dans le département, contient :

Carbonate de chaux	70	Sable	10
Argile	10	(*M. St-Claire* [*].)	

Nous avons indiqué ci-dessus (n° 76) la composition des marnes d'Evreux.

Note 4 (page 23). — *Drainage.* — Pour favoriser la pratique du drainage,

* Voir *Description géologique de l'Eure* par M. Passy, et *Recueil des travaux de la Société d'Agriculture de l'Eure*, première série, tome VII, page 167, et deuxième série, tome I, page 164.

l'Etat, sur la demande des propriétaires, fait faire gratuitement par ses ingénieurs, les études préparatoires de levé des plans et de nivellement du terrain, ainsi que la surveillance des travaux.

D'autre part, le Crédit foncier de France prête à 4 pour 100 les sommes dont les propriétaires peuvent avoir besoin pour exécuter les travaux de drainage. Ces emprunts sont amortis, c'est-à-dire remboursés, capital et intérêts, moyennant un paiement annuel, pendant vingt-cinq ans, de 6 fr. 40 pour chaque 100 fr. empruntés.

Note 5 (page 35). — *Excréments des animaux.* — Les animaux ne s'approprient qu'une partie des matières nutritives contenues dans leurs aliments ; une partie considérable des matières azotées et minérales de la nourriture se retrouve dans leurs déjections.

Le fumier a donc d'autant plus de valeur que les animaux qui l'ont produit ont reçu des aliments plus substantiels.

Il résulte d'expériences faites par MM. Lawes et Gilbert que la valeur en argent du fumier résultant de la consommation, par les animaux, d'une tonne (1,000 kil.) d'aliments peut-être évaluée : à 162 fr. 50 pour le tourteau de coton décortiqué ; à 122 fr. 50 pour le tourteaux de colza ; à 72 fr. 50 pour le son ; à 43 fr. 75 pour l'avoine ; à 41 fr. 25 pour le blé ; à 56 fr. 25 pour le foin de trèfle ; à 36 fr. 10 pour le foin de prairie ; à 8 fr. 75 pour les pommes de terre ; à 6 fr. 80 pour les betteraves, et à 5 fr. pour les carottes.

(*Journal de la Société Royale de l'Angleterre,* 2ᵐᵉ série, volume II, partie I, page 11.

Voir *l'Agriculture de l'Angleterre,* par F.-R. de la Tréhonnais, *Congrès international de l'Agriculture en 1878,* page 633.)

Note 6 (page 36). — *Guano.* — On vend quelquefois, sous le nom de *guano du Pérou,* des guanos ou des mélanges artificiels qui sont loin d'en posséder les propriétés actives. Le moyen de dérouter la fraude est de faire garantir par le vendeur le poids d'azote et de phosphate soluble que contiennent 100 kilogr. de l'engrais en question, à l'état normal, c'est-à-dire tel qu'il est vendu, avec l'humidité qu'il contient naturellement. On sait, en effet, que certains marchands d'engrais indiquent et garantissent seulement la quantité d'azote ou de phosphate contenue dans 100 kilogr. d'engrais entièrement privé d'eau ; de sorte que du guano, vendu avec garantie comme contenant 12 p. 100 d'azote, pourra renfermer 25 p. 100 d'eau, par exemple, et alors ne contiendra en réalité, à l'état normal, que 9 p. 100 d'azote. Cette remarque peut s'appliquer à tous les engrais dits commerciaux.

Note 7 (page 38). — *Excréments humains.* — Les excréments humains, malgré leur puissance comme engrais, sont encore perdus presque partout, et cet effrayant gaspillage a encore pour effet, selon l'expression d'un agronome, « de transformer les chemins en égouts et les cours d'eau en cloaques ». Dans un grand nombre de localités du département, les lieux d'aisances sont encore établis sur les cours d'eau ; c'est là, au point de vue de vue de l'agriculture comme à celui de l'hygiène, un usage déplorable.

Dans les fermes, l'engrais humain, qui devrait être recueilli dans des fosses étanches, est très souvent perdu ; il en est de même du purin.

On a estimé à 4 milliards la valeur des engrais perdus annuellement en France. Proportionnellement à sa population et à son étendue le département de l'Eure peut compter, dans ce chiffre, pour 50 millions au moins. Cette perte, quelque énorme qu'elle soit, n'est qu'une faible partie de celle qui résulte, sur les produits du sol, de l'insuffisance des engrais.

Note 8 (page 39). — L'enfouissement des cadavres d'animaux morts de *maladies contagieuses* présente de graves dangers et exige les plus grandes précautions. On sait, en effet, que ces maladies peuvent se communiquer à l'homme ; on sait aussi, grâce aux savantes recherches et aux belles découvertes de M. Pasteur, que les germes des *maladies charbonneuses*, par exemple, peuvent se conserver dans la terre pendant un temps très considérable, 15 ou 20 ans, et peut-être beaucoup plus, et se communiquer ensuite aux animaux qui pâturent ou séjournent sur les terrains, sur ces *champs maudits*, comme on les appelle, où ont été enfouis les cadavres charbonneux. Il importe donc, selon le conseil de M. Bouley « d'interdire à tout bétail l'accès du champ d'enfouissement. » On pourrait aussi, comme l'indique M. Barral, remplacer l'enfouissement par la *crémation* ou encore par la *cuisson* dans l'eau bouillante. Ce dernier procédé a été pendant très longtemps mis en pratique par M. Bella, à Grignon.

En soumettant les germes de la maladie charbonneuse à un traitement spécial, M. Pasteur est parvenu à les modifier et à les transformer en une sorte de **vaccin** qui, inoculé aux moutons et à certains autres animaux, rend ceux-ci invulnérables aux atteintes du charbon. Cette nouvelle découverte de M. Pasteur sur la nature des germes des maladies contagieuses et sur la possibilité de transformer certains **virus** en un **vaccin préventif**, est l'une des plus grandes et des plus fécondes, parmi toutes celles qui sont dues à la science.

(Consulter sur cet important sujet : *Bulletin des séances de la Société nationale d'Agriculture de France*, novembre 1880, pages 722 à 730 ; *Mémoire de l'Académie des Sciences*, juillet 1880 : *Journal de l'Agriculture*, 1881, t. I, pages 249 et 250. Rapport de M. Bouley à la Société nationale d'agriculture de France, séance publique du 7 août 1881.

Note 9 (page 51). — *Emploi des eaux d'égouts.* — Dans la plaine sablonneuse et autrefois à peu près stérile de Gennevilliers, on obtient, par hectare, grâce à l'emploi des eaux d'égouts, des récoltes de 120,000 kilogr. de betteraves, 75,000 kilogr. de choux ; 15,000 kilogr. de haricots, 60,000 têtes d'artichauts, etc.

De mauvaises terres, à peine bonnes pour le seigle, fournissent, par hectare jusqu'à 50 hectolitres d'avoine ou 27 hectolitres de froment, c'est-à-dire le double environ de ce que produisent les bonnes terres de l'Eure.

(Voir *Rapport* de MM. E. Tisserand et Hardy).

En 1880, les mêmes cultures, fumées au moyen de l'eau d'égouts ont fourni, par hectare :

Betteraves jaunes des Barres, 137,800 kilogr. de racines ;

Maïs Caragua, 136,000 kilogr. de fourrage vert ;

Colza, 41 hectolitres 3 de graine ;

Orge, 50 hectolitres de graine ;

Avoine, 57 hectolitres 7 de graine.

Marié-Davy, *Annuaire de l'observatoire de Montsouris*, 1881, pages 304 à 311.

Note 10 p. 83. — *Plantes des prairies naturelles.*— Pour les prairies de notre région, les agronomes conseillent le mélange suivant [1] :

1° *Prairies fraîches, irrigables ou submersibles temporairement :*

Fléole des prés (*Phleum pratense*) dans la proportion d'un quart.		
Fléole noueuse (*Phleum nodosum*)	id.	d'un huitième.
Vulpin des prés (*Alopecurus pratensis*)	id.	id.
Pâturin des prés (*Poa pratensis*)	id.	id.
Agrostide traçante (*Agrostis stolonifera*)	id.	id.
Lotier corniculé (*Lotus corniculatus*)	id.	id.
Trèfle doré (*Trifolium aureum*)	id.	id.

2° *Prairies élevées qui ne sont ni irrigables ni sujettes aux inondations.*

Houlque laineuse (*Holcus lanatus*) dans la proportion d'un quart.		
Dactyle pelotonné (*Dactylis glomerata*)	id.	d'un huitième.
Ivraie vivace, ray-grass. (*Lolium perenne*)	id.	id.
Pâturin commun (*Poa trivialis*)	id.	id.
Minette ou lupuline (*Medicago lupulina*)	id.	id.
Trèfle champêtre (*Trifolium campestre*)	id.	id.

On peut ajouter à cette liste un huitième environ de flouve odorante, qui contribue surtout à donner au foin l'odeur particulière, si agréable, qu'il exhale. La flouve convient aussi aux prairies fraîches et irrigables.

3° *Prairies sèches ou pâturages.*

Dactyle pelotonné (*Dactylis glomerata*) dans la proportion d'un huitième.		
Houlque laineuse (*Holcus lanatus*)	id.	id.

---

[1] Voir Isidore-Pierre. *Céréales, fourrages et plantes industrielles*, p. 63 et suiv.; ces mélanges ont d'abord été reconnus les meilleurs par M. Dubreuil père.

Fléole noueuse (*Phleum nodosum*) dans la proportion d'un huitième.

Trèfle rampant (*Trifolium repens*)	id.	d'un quart.
Trèfle fraise (*Trifolium frugiferum*)	id.	d'un huitième.
Trèfle moyen (*Trifolium medium*)	id.	id.
Trèfle des prés (*Trifolium pratense*)	id.	id.

On doit, dans tous les cas, associer à ces mélanges, les bonnes espèces qui croissent naturellement dans le terrain qu'l'on convertit en prairie. On peut recueillir les graines dans une bonne prairie, ou mieux les acheter dans une maison de confiance.

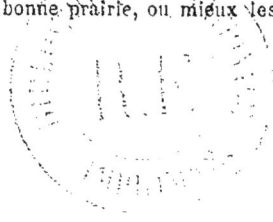

Evreux, Ch. Hérissey, imp. — 881.